让AI

成为你的职场超能力

人力资源管理

于元香 ◎ 编著

清华大学出版社

北京

内容简介

本书是一本人力资源管理中高效应用 AI 的手册，旨在通过 AI 技术提升人力资源管理的效率和质量。随书赠送了 140 多条 AI 指令、150 多个教学视频、190 多个素材、10 课电子教案，以及 200 页 PPT 课件。

本书通过 10 章专题，从两条主线——工具线和案例线，探讨了 9 款 AI 工具在人力资源管理中的应用，并提供了多个应用场景实例，如招聘、培训、绩效管理、薪酬福利等。

本书内容丰富、图文并茂、通俗易懂，注重实战操作，适合人力资源专业人员，以及对 AI 在人力资源管理中的应用感兴趣的人士，不仅有助于职场人士提升技能，还可以作为学校人力资源管理相关专业的教材。

图书在版编目（CIP）数据

让AI成为你的职场超能力. 人力资源管理 / 于元香编著.

北京：清华大学出版社，2025. 8.

ISBN 978-7-302-55015-0

Ⅰ. TP18

中国国家版本馆CIP数据核字第20258Y28Q9号

责任编辑： 康晨霖
封面设计： 刘　超
版式设计： 楠竹文化
责任校对： 范文芳
责任印制： 沈　露

出版发行： 清华大学出版社
　　　　网　　　址：https://www.tup.com.cn，https://www.wqxuetang.com
　　　　地　　　址：北京清华大学学研大厦A座　　　　　　邮　　编：100084
　　　　社 总 机：010-83470000　　　　　　　　　　　　邮　　购：010-62786544
　　　　投稿与读者服务：010-62776969，c-service@tup.tsinghua.edu.cn
　　　　质 量 反 馈：010-62772015，zhiliang@tup.tsinghua.edu.cn
印 装 者： 涿州市般润文化传播有限公司
经　　销： 全国新华书店
开　　本： 185mm×260mm　　　　　**印　张：** 14.25　　　　**字　数：** 214千字
版　　次： 2025年10月第1版　　　　　**印　次：** 2025年10月第1次印刷
定　　价： 89.80元

产品编号：110840-01

一、写作驱动

在数字化时代，传统的人力资源管理模式已经难以满足现代企业的发展需求。随着人工智能（AI）技术的快速发展和广泛应用，人力资源管理领域迎来了前所未有的机遇与挑战。AI 技术为企业和人力资源管理者提供了新的工具和方法，能够更高效、更精准地处理复杂的人力资源问题，同时也对传统管理模式提出了新挑战。

本书旨在深入探讨 AI 技术如何赋能人力资源管理，提升工作效率和质量，并重点关注如何利用 AI 解决人力资源管理中的关键问题。以下是本书针对的几大关键问题。

问题 1：提高招聘效率

在快速变化的商业环境中，企业需要迅速填补职位空缺以维持竞争力。传统的招聘流程往往耗时、低效，无法满足企业对人才的即时需求。如何利用 AI 技术优化招聘流程，提高筛选和面试的效率，成为人力资源管理者急需解决的问题。

问题 2：优化员工培训和发展

随着技术和业务模式的发展，员工需要不断学习新技能以适应岗位要求。然而，传统的培训和发展计划往往缺乏个性化和灵活性，难以满足不同员工的需求。如何利用 AI 设计和实施有效的培训方案，促进员工的个人成长和职业发展，是人力资源管理中的一个关键挑战。

问题 3：实现绩效管理的客观公正

绩效管理着力于激励员工和提升组织效能。然而，传统的绩效评估往往受到主观因素的影响，难以做到绝对的客观和公正。如何利用 AI 技术提高绩效评估的准确性和公正性，确保每位员工的努力得到合理的回报，是人力资源管理中的一个重要议题。

问题 4：用工法律风险防范

随着劳动法规的日益完善，企业在人力资源管理中面临的法律风险增加。利用 AI

技术预防和应对各种潜在的用工风险，如工伤、劳动争议等，保护企业和员工的合法权益，是当前人力资源管理的一个重要方面。

问题 5：AI 技术应用的复杂性

许多人力资源管理者在尝试将 AI 技术融入日常工作时，因缺乏对 AI 工具的深入了解而感到困惑。同时，如何有效利用 AI 工具进行量化管理与数据分析，从海量数据中提取有价值的信息，是许多人力资源管理者面临的难题。

二、本书特色

本书深入贯彻了党的二十大精神，特别是"以中国式现代化全面推进中华民族伟大复兴"和"以党的自我革命引领社会革命"的指导思想，旨在通过 AI 技术的应用推动人力资源管理的现代化，提升效率和质量，并通过持续革新引领人力资源管理领域的变革。针对当前领域内的关键问题，本书提供了以下特色内容。

特色 1：热门的 AI 实用工具

本书全面介绍了 9 款实用的 AI 工具，并提供了 10 课教案，结合 140 多条 AI 指令，帮助读者深入理解 AI 技术在人力资源管理中的应用，降低技术应用的门槛。

特色 2：丰富的 AI 实战案例

本书通过 10 章专题内容，涵盖 140 多个实用技巧，深入探讨了 AI 在人力资源规划、招聘与配置、培训与发展、绩效考核、薪酬福利、劳动关系、量化管理，以及用工风险等方面的具体应用。通过实战案例，本书展示了如何利用 AI 工具进行数据分析，支持人力资源管理决策制定。

特色 3：AI 辅助识人、用人

本书特别强调了 AI 在人才识别和用工风险防范中的作用，提供了基于 AI 的人才评估、选拔和配置、法律咨询等方法，帮助企业更精准地识别和使用人才，同时有效防控法律风险。

特色 4：AI 辅助员工培训与发展

本书详细介绍了利用 AI，根据员工的个性化需求设计培训和发展计划的方法，促进员工的个人成长。

特色 5：AI 辅助绩效科学考核

本书借助 AI 技术，提供科学公正的绩效考核方法，帮助管理者避免主观偏见，确保考核的公正性和准确性。

特色 6：赠送海量的学习资源

本书附赠 150 多集教学视频演示、190 多个素材效果文件、200 页 PPT 教学课件等，为读者打造了一个全面、系统、有针对性的学习环境，便于直观地学习 AI 技术在人力资源管理中的应用。

综上所述，本书不仅关注解决读者面临的实际问题，还积极响应党的二十大精神，致力于成为一本全面、实用、易懂的 AI 人力资源管理的实用手册。

三、教学资源

本书教学资源及数量如表 1 所示。

表 1　教学资源及数量

序号	教学资源	数量
1	AI 工具网页链接	9 款
2	电子教案	10 课
3	素材	50 个
4	AI 指令	144 条
5	效果	145 个
6	视频	157 个
7	PPT 课件	200 页

四、获取方式

如果读者需要获取书中的教学资源，请使用微信"扫一扫"功能扫描书中二维码及本书封底的"文泉云盘"二维码即可。

五、特别提示

1. 本书涉及的 AI 软件和工具的版本分别是：文心一言网页版为基于文心大模型 3.5 的 V3.3.0 版，通义版本为通义千问 2.5 模型，讯飞星火为 V4.0 模型，WPS AI 为 WPS Office 2024 冬季更新（19302）版。

2. 本书在编写的过程中，展示的是当前 AI 工具的最新版本操作界面，但书从编辑到出版需要一段时间，在此期间，这些工具的版本、功能和界面可能会有变动，请在阅读时，根据书中的思路举一反三进行学习。

3. 需要注意的是，即使是相同的指令，AI 工具每次生成的回复和效果也会存在差别，因此在扫码观看教程时，读者应把精力放在指令的编写和实际操作的步骤上。

4. 由于篇幅原因，AI 工具的回复内容只展示要点，详细的回复文案请看随书提供的完整文件。

六、本书作者

本书由于元香编著，参与编写的人员还有刘华敏，在此表示感谢。由于编写人员知识水平有限，书中难免有疏漏之处，恳请广大读者批评、指正。

编者

2025 年 8 月

目　录

CONTENTS

第**1**章　AI 人力资源入门

学习提示

随着 AI 技术的飞速发展，传统的人力资源管理模式正面临前所未有的变革。AI 的应用不仅改变了招聘与选拔、员工培训等环节，还通过数据分析、智能决策等手段，重新定义了企业的人力资源管理模式。本章将从探讨 AI 与人力资源管理的基本概念入手，逐步分析 AI 技术在 HR（Human Resources，人力资源）领域的应用，并介绍一系列实用的 AI 工具，让读者初步了解 AI 赋能 HR 管理。

本章重点导航

- 了解 AI 与人力资源管理
- 5W1H 分析 AI 赋能人力资源管理
- 9 款常用的 AI 工具

1.1 了解 AI 与人力资源管理

本节将详细介绍 AI、AIGC（AI generated content，人工智能生成内容）以及人力资源管理的基本概念，帮助读者对 AI 在企业中的应用有一个初步了解，并探索 AI 与人力资源管理工作的深度融合。

1.1.1 什么是 AI？

AI 是指由人开发的具有一定智能的系统，能够理解环境、学习新知识、推理解决问题，并在特定情境下做出决策或执行任务。它涉及机器学习、深度学习、自然语言处理（NLP）、计算机视觉等多个技术领域，旨在模拟、延伸和扩展人的智能行为。

在人力资源管理中，AI 的应用实例丰富。例如，AI 聊天机器人能够通过自然语言处理技术理解和回应用户的询问，从而在招聘、员工培训和处理日常 HR 事务中发挥重要作用，提高人力资源管理人员的工作效率和决策准确性。

1.1.2 什么是 AIGC？

AIGC，是指利用人工智能技术自动生成各种形式的内容，涵盖文本、图像、音频和视频等。

这项技术的核心在于深度学习和自然语言处理等领域的突破，尤其是在生成性对抗网络（GANs）和大规模预训练语言模型（如 GPT、BERT）等技术的支持下，AIGC 能够模仿甚至超越人类在内容创作上的能力。它通过对海量数据的学习，能够捕捉语言或图像的规律，生成符合上下文的又具有创意的作品。

AIGC 极大地改变了创作模式，尤其是在内容生成、创意设计以及人力资源管理等方面展现出巨大的应用潜力。

例如，在人力资源管理领域，AIGC 为 HR 专业人员提供了强大的支持，使其在招聘、员工培训、绩效评估等环节中大大提高效率，尤其是在执行重复性、规则性较强的任务时，不仅能够节省大量时间，而且能够确保内容的标准化和一致性。

随着技术的进一步发展和完善，AIGC 将在更多人力资源管理场景中得到更广泛的应用。

1.1.3　什么是人力资源管理?

　　人力资源管理作为企业管理的核心组成部分,专注于企业内部人力资源的规划、组织、实施和监控。其通过招聘、培训、绩效评估、薪酬福利、劳动关系等方面的工作,致力于提高员工的工作效率,激发团队潜力,并确保企业的人力资源策略与其战略目标相匹配。

　　人力资源管理不止于支持性职能,它在现代企业的运营中发挥着至关重要的作用。随着时代的发展,传统的人力资源管理模式已经逐步向智能化、数据化的方向转型。尤其是在人工智能和大数据技术的应用下,人力资源管理的方式发生了巨大的变化,AI 赋能的人力资源管理已经成为增强企业竞争力、优化组织结构、提高员工满意度的重要工具。

　　下面是人力资源管理中几个关键职能的详细说明,涵盖了从人力资源规划到员工关系管理的全过程。

1.　人力资源规划

　　人力资源规划涉及对企业组织结构、业务发展方向和外部环境的分析,以预测未来的人力资源需求,并确保企业能够持续获得所需的人才支持。图 1-1 所示为传统人力资源规划和 AI 赋能人力资源规划的区别。

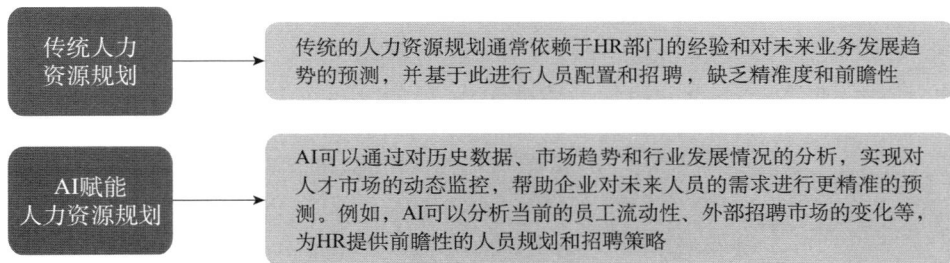

| 传统人力资源规划 | 传统的人力资源规划通常依赖于HR部门的经验和对未来业务发展趋势的预测,并基于此进行人员配置和招聘,缺乏精准度和前瞻性 |
| AI赋能人力资源规划 | AI可以通过对历史数据、市场趋势和行业发展情况的分析,实现对人才市场的动态监控,帮助企业对未来人员的需求进行更精准的预测。例如,AI可以分析当前的员工流动性、外部招聘市场的变化等,为HR提供前瞻性的人员规划和招聘策略 |

图 1-1　传统人力资源规划和 AI 赋能人力资源规划

2.　招聘与配置

　　招聘与配置是人力资源管理中重要的一步,旨在为企业寻找并吸引合适的人才。招聘流程包括职位发布、筛选简历、面试、背景调查等环节;配置工作则通过多维度的评估,包括但不限于职业技能、工作经验、团队协作及企业文化认同等,确保候选人能够与岗位要求高度契合。图 1-2 所示为传统招聘方式和 AI 赋能招聘的区别。

3.　培训与开发

　　培训与开发是提高员工能力、促进员工职业成长的关键环节。HR 通过组织多样化的培训活动，不仅帮助员工提升岗位所需的技能，还为员工提供拓展职业路径的机会。图 1-3 所示为传统培训方式和 AI 赋能培训的区别。

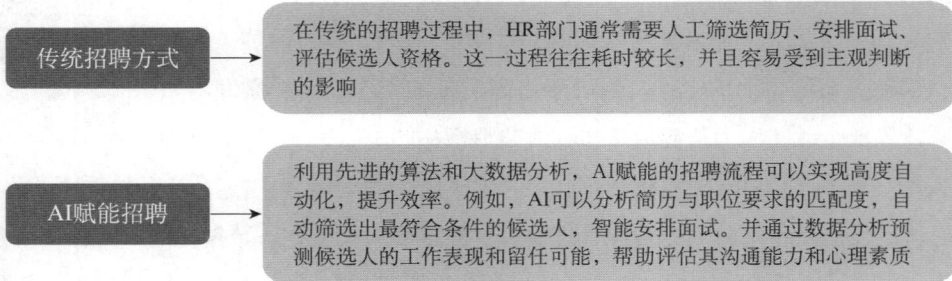

| 传统招聘方式 | → | 在传统的招聘过程中，HR部门通常需要人工筛选简历、安排面试、评估候选人资格。这一过程往往耗时较长，并且容易受到主观判断的影响 |
| AI赋能招聘 | → | 利用先进的算法和大数据分析，AI赋能的招聘流程可以实现高度自动化，提升效率。例如，AI可以分析简历与职位要求的匹配度，自动筛选出最符合条件的候选人，智能安排面试。并通过数据分析预测候选人的工作表现和留任可能，帮助评估其沟通能力和心理素质 |

图 1–2　传统招聘方式和 AI 赋能招聘的区别

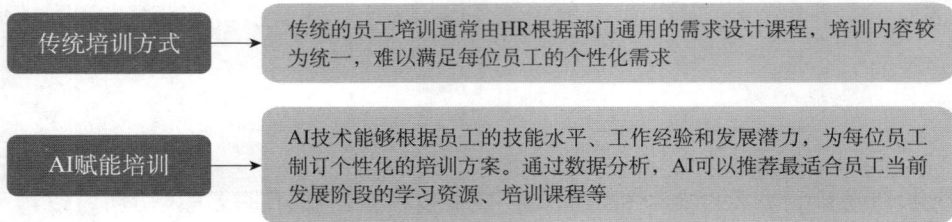

| 传统培训方式 | → | 传统的员工培训通常由HR根据部门通用的需求设计课程，培训内容较为统一，难以满足每位员工的个性化需求 |
| AI赋能培训 | → | AI技术能够根据员工的技能水平、工作经验和发展潜力，为每位员工制订个性化的培训方案。通过数据分析，AI可以推荐最适合员工当前发展阶段的学习资源、培训课程等 |

图 1–3　传统培训方式和 AI 赋能培训的区别

4. 绩效管理

绩效管理是确保员工工作表现与公司目标一致，并通过激励和反馈促进员工持续成长的过程。图 1-4 所示为传统绩效管理和 AI 赋能绩效管理的区别。

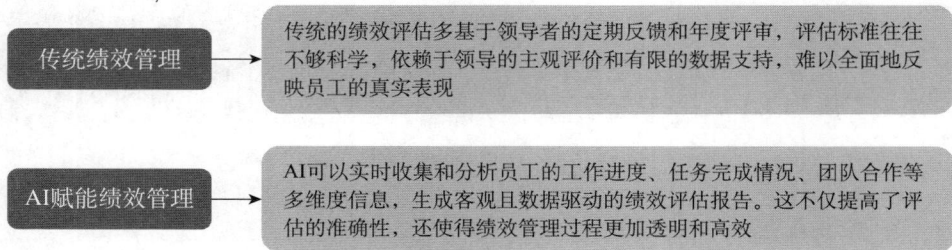

| 传统绩效管理 | → | 传统的绩效评估多基于领导者的定期反馈和年度评审，评估标准往往不够科学，依赖于领导的主观评价和有限的数据支持，难以全面地反映员工的真实表现 |
| AI赋能绩效管理 | → | AI可以实时收集和分析员工的工作进度、任务完成情况、团队合作等多维度信息，生成客观且数据驱动的绩效评估报告。这不仅提高了评估的准确性，还使得绩效管理过程更加透明和高效 |

图 1–4　传统绩效管理和 AI 赋能绩效管理的区别

5. 薪酬管理

薪酬管理是影响员工满意度和忠诚度的关键因素之一，其核心在于确保企业的薪酬体系公平、合理，并能提供适当的福利待遇，以保持员工的积极性和生产力。图 1-5 所示为传统薪酬管理和 AI 赋能薪酬管理的区别。

传统薪酬管理 ➡ 在传统的薪酬管理中，薪酬决策往往基于固定的薪酬结构、市场调查，HR要确保员工薪资符合行业标准，并根据员工的绩效调整薪水

AI赋能薪酬管理 ➡ AI技术可以通过对市场薪酬数据、地区差异、员工绩效和公司预算的分析，智能地推荐薪酬调整方案。AI还能够通过算法优化薪酬结构，确保公平性与竞争力，同时根据员工的需求和偏好提供个性化的福利选择，有效地平衡企业和员工之间的利益

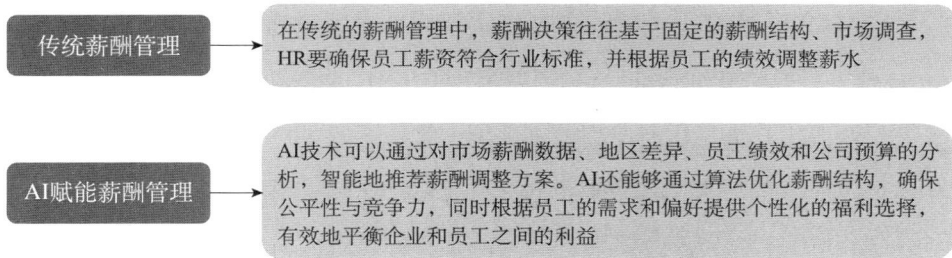

图 1–5　传统薪酬管理和 AI 赋能薪酬管理的区别

6. 劳动关系管理

劳动关系管理是维护企业与员工之间关系的核心，旨在确保企业遵守劳动法规，构建和谐的工作环境，并处理员工在工作中出现的纠纷和问题。良好的劳动关系有助于减少劳资纠纷，提高员工的工作满意度和企业的整体运作效率。图 1-6 所示为传统劳动关系管理和 AI 赋能劳动关系管理的区别。

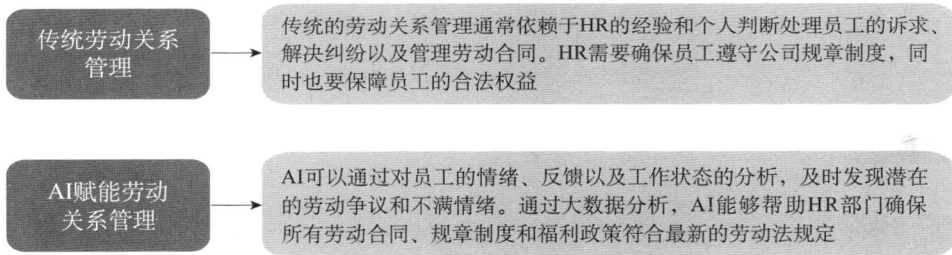

传统劳动关系管理 ➡ 传统的劳动关系管理通常依赖于HR的经验和个人判断处理员工的诉求、解决纠纷以及管理劳动合同。HR需要确保员工遵守公司规章制度，同时也要保障员工的合法权益

AI赋能劳动关系管理 ➡ AI可以通过对员工的情绪、反馈以及工作状态的分析，及时发现潜在的劳动争议和不满情绪。通过大数据分析，AI能够帮助HR部门确保所有劳动合同、规章制度和福利政策符合最新的劳动法规定

图 1–6　传统劳动关系管理和 AI 赋能劳动关系管理的区别

1.2　5W1H 分析 AI 赋能人力资源管理

5W1H 分析法主要包括 6 个要素：what（什么），描述主题的基本信息或概念；why（为什么），解释该主题的重要性或原因；who（谁），确定利益相关者或受众；when（何时），分析适合使用或考虑该主题的时机；where（哪里），识别相关的场景或环境；how（如何），探讨实施或操作的方法与步骤。

本节将通过 5W1H 分析法深入探讨 AI 赋能人力资源管理的具体含义，帮助大家全面理解 AI 在人力资源管理领域的应用。

1.2.1 what：什么是 AI 赋能人力资源管理？

扫码观看教学视频

AI 赋能人力资源管理指的是利用 AI 技术，对人力资源管理的各个环节进行智能化升级，从而提高效率、减少人为偏差、提升决策质量，并使员工体验更加个性化与精准化。AI 技术可以在规划、招聘、培训、绩效、薪酬、劳动关系等方面提供全方位的支持，尤其是在数据处理、自动化任务执行和智能决策支持等领域。

1.2.2 why：为什么需要 AI 赋能人力资源管理？

扫码观看教学视频

AI 赋能人力资源管理是应对当前人力资源管理模式面临的诸多挑战和需求的有效途径，具体原因如图 1-7 所示。

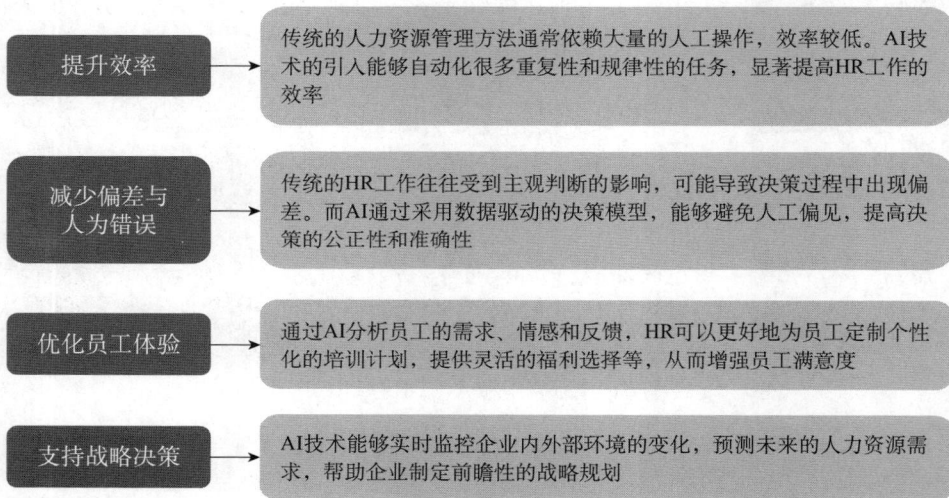

提升效率	传统的人力资源管理方法通常依赖大量的人工操作，效率较低。AI技术的引入能够自动化很多重复性和规律性的任务，显著提高HR工作的效率
减少偏差与人为错误	传统的HR工作往往受到主观判断的影响，可能导致决策过程中出现偏差。而AI通过采用数据驱动的决策模型，能够避免人工偏见，提高决策的公正性和准确性
优化员工体验	通过AI分析员工的需求、情感和反馈，HR可以更好地为员工定制个性化的培训计划，提供灵活的福利选择等，从而增强员工满意度
支持战略决策	AI技术能够实时监控企业内外部环境的变化，预测未来的人力资源需求，帮助企业制定前瞻性的战略规划

图 1–7 需要 AI 赋能人力资源的具体原因

1.2.3 who：哪些人受益于 AI 赋能人力资源管理？

扫码观看教学视频

在 AI 赋能人力资源管理的过程中，有多个利益相关方都能从中受益。主要的受益者包括以下几个方面，如图 1-8 所示。

1.2.4 when：何时使用 AI 人力资源最合适？

扫码观看教学视频

AI 赋能人力资源管理的时机通常取决于以下几个因素，如图 1-9 所示。

人力资源部门	作为AI赋能的直接实施者和使用者，人力资源部门在推动AI技术的应用过程中扮演着至关重要的角色。HR不仅要引入AI技术，还需负责系统的配置、培训以及与其他部门的协调工作
企业管理层	企业高层管理人员需明确AI赋能的战略方向，并为其提供必要的资源支持，确保AI项目的顺利实施。管理层还需推动AI技术在公司内部的文化适应与员工培训
员工与候选人	员工和候选人是AI赋能人力资源管理的最终受益者。AI不仅能为员工提供个性化的职业发展规划，也能帮助候选人更精准地找到适合的工作岗位

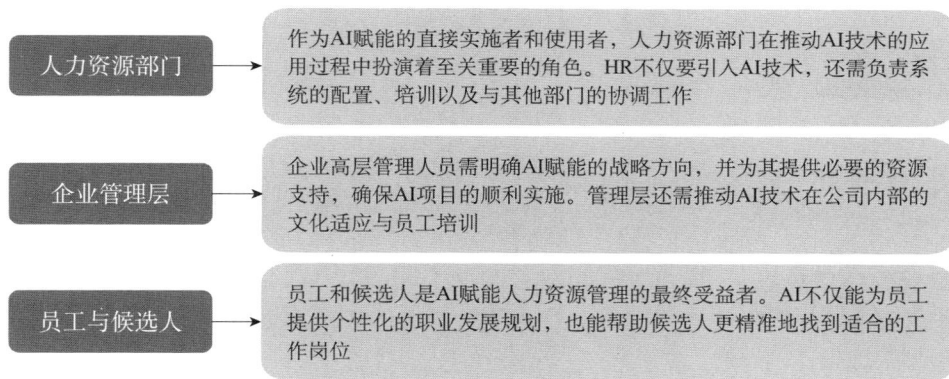

图 1–8　AI 赋能人力资源的受益者

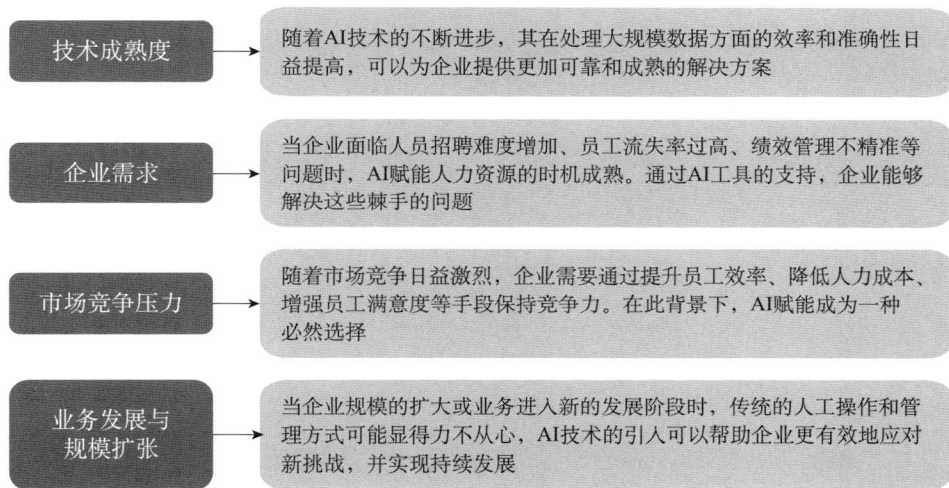

技术成熟度	随着AI技术的不断进步，其在处理大规模数据方面的效率和准确性日益提高，可以为企业提供更加可靠和成熟的解决方案
企业需求	当企业面临人员招聘难度增加、员工流失率过高、绩效管理不精准等问题时，AI赋能人力资源的时机成熟。通过AI工具的支持，企业能够解决这些棘手的问题
市场竞争压力	随着市场竞争日益激烈，企业需要通过提升员工效率、降低人力成本、增强员工满意度等手段保持竞争力。在此背景下，AI赋能成为一种必然选择
业务发展与规模扩张	当企业规模的扩大或业务进入新的发展阶段时，传统的人工操作和管理方式可能显得力不从心，AI技术的引入可以帮助企业更有效地应对新挑战，并实现持续发展

图 1–9　AI 赋能人力资源的时机

1.2.5　where：在哪些场景下使用 AI 人力资源?

AI 在人力资源管理中的应用场景非常广泛，以下是一些主要的应用场景，如图 1-10 所示。

扫码观看教学视频

1.2.6　how：如何使用 AI 进行人力资源管理?

AI 赋能人力资源管理，不仅仅依赖于传统的机器学习和数据分析技术，AIGC 技术的引入为人力资源管理的各个环节带来了全新的发展机会。AIGC 技术通过生成自动化的内容、优化决策过程、定制个性化服务等方式，在人力资源管理的实施中发挥着重要作用。以下是从 AIGC 的角度探讨如何用 AI 为人力资源管理的几个关键领域赋能。

扫码观看教学视频

人力资源规划	→	AI能够分析公司的人力资源使用情况、市场人才供给状况及行业发展趋势等因素，进而为企业制订长远且灵活的人员配置方案，确保企业在不同的发展阶段都能够拥有适量、具备适当技能的员工
招聘与选拔	→	AI可以分析简历、筛选候选人、分析人岗匹配度等，提升招聘的效率与精准度
培训与发展	→	AI能够根据员工的工作数据、表现和需求，推荐个性化的培训计划与发展路径
设计奖励机制	→	AI可以帮助企业设计和优化奖励机制，使其更加符合员工的激励需求，提升员工的工作动力和绩效表现
薪酬管理	→	AI能够帮助HR部门制定合理的薪酬方案，确保薪酬结构既能激励员工，又能保证公司成本的有效控制
员工关怀	→	AI能够分析员工的情感与满意度，发现潜在问题，及时进行干预
劳动关系管理	→	AI可以帮助HR分析员工的投诉、建议，确保企业遵守法律法规，维护劳动关系的和谐与合法性

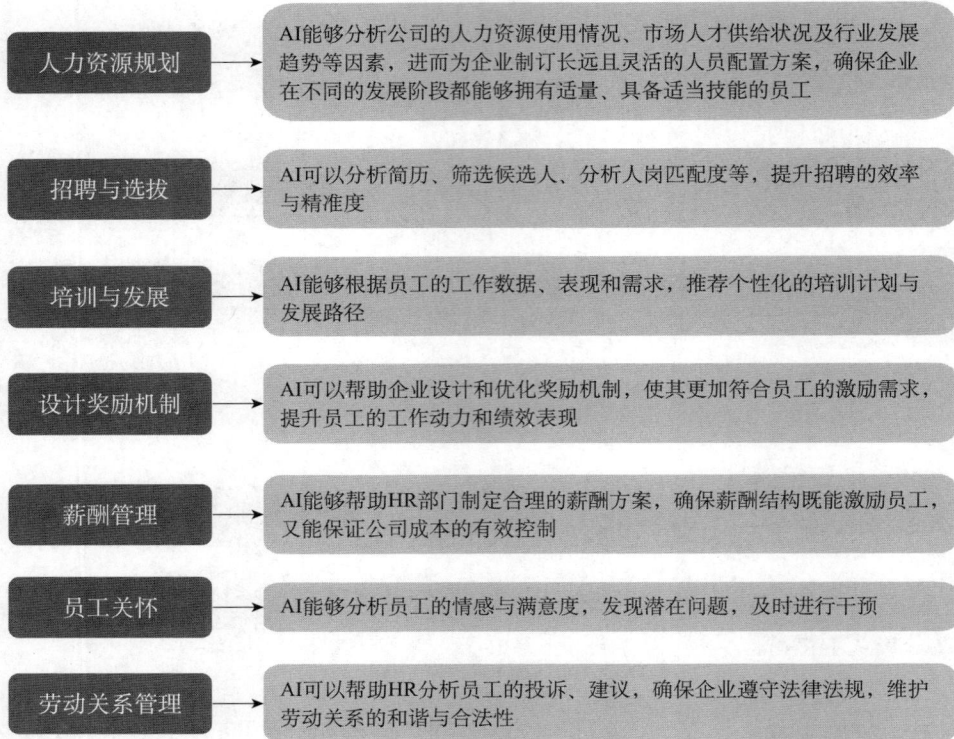

图 1-10　AI 赋能人力资源的应用场景

1. 用 AI 生成招聘广告与岗位描述

AI 可以根据职位需求、公司文化和市场趋势等多维度信息，生成具有吸引力且符合公司要求的招聘文案，从而节省 HR 大量的时间和精力。

2. 用 AI 筛选简历与生成面试问题

在招聘过程中，AI 可以通过 AIGC 技术帮助 HR 筛选简历并生成面试问题。AIGC 不仅能够根据简历中的关键信息判断应聘者的匹配度，还能够根据职位要求生成有针对性的面试问题。通过自然语言处理技术，AIGC 能够理解候选人的简历内容，筛选出符合岗位需求的候选人，并为面试官提供个性化的面试题目。

3. 用 AI 生成与分析绩效评估报告

AIGC 技术能够从员工的工作成果、完成项目的质量与时效、团队合作情况等数据中提取关键信息，生成绩效评估报告，并对员工的表现进行综合分析，提供给 HR 和管理层作为决策支持。

4. 用 AI 生成与推荐员工培训内容

在员工培训与发展方面，AIGC 技术可以根据员工的角色、技能差距和个人发展目标，自动生成定制化的培训内容。通过分析员工的学习历史、工作表现以及行业趋势，AIGC 可以为员工推荐最合适的发展路径，从而帮助员工提升工作能力，并提升整个团队的工作效率。

5. 用 AI 管理员工离职并分析情感

通过分析员工的内部沟通记录、工作状态以及情感表达等，AI 能够预测哪些员工可能会有离职倾向，识别可能存在的员工流失风险。AI 还可以在员工离职管理过程中提供情感分析，并为 HR 提供个性化的干预方案，挽回优秀员工。

6. 用 AI 生成劳动合同并检查合规性

AIGC 技术在劳动合同的制定与合规性审查中也发挥着重要作用。AI 能够实时追踪政策变化，HR 可以根据企业的需求让 AI 生成劳动合同，确保合同的合规性，避免潜在的法律风险。

1.3 9 款常用的 AI 工具

AI 工具的应用使得人力资源管理的各个环节都能实现智能化、自动化。本节将介绍 9 款目前在人力资源管理中应用广泛的 AI 工具，并会在后续的章节中展示如何在实际操作中利用这些工具提升工作效率。

1.3.1 9 款 AI 工具页面概览

扫码观看教学视频

在现代人力资源管理中，AI 工具的运用大幅提升了工作效率和决策准确性。下面是 9 款常见的 AI 工具页面概览，每一款工具都在不同的人力资源管理环节发挥着重要作用，可以帮助 HR 提高自动化、精准化和智能化水平。

1. 文心一言

文心一言是百度推出的一款以自然语言处理技术为核心的 AI 办公助手，它能够理解和生成自然语言，帮助用户智能生成广告文案、招聘信息、工作报告等文本内容，广泛应用于人力资源、营销和管理等领域，其页面如图 1-11 所示。

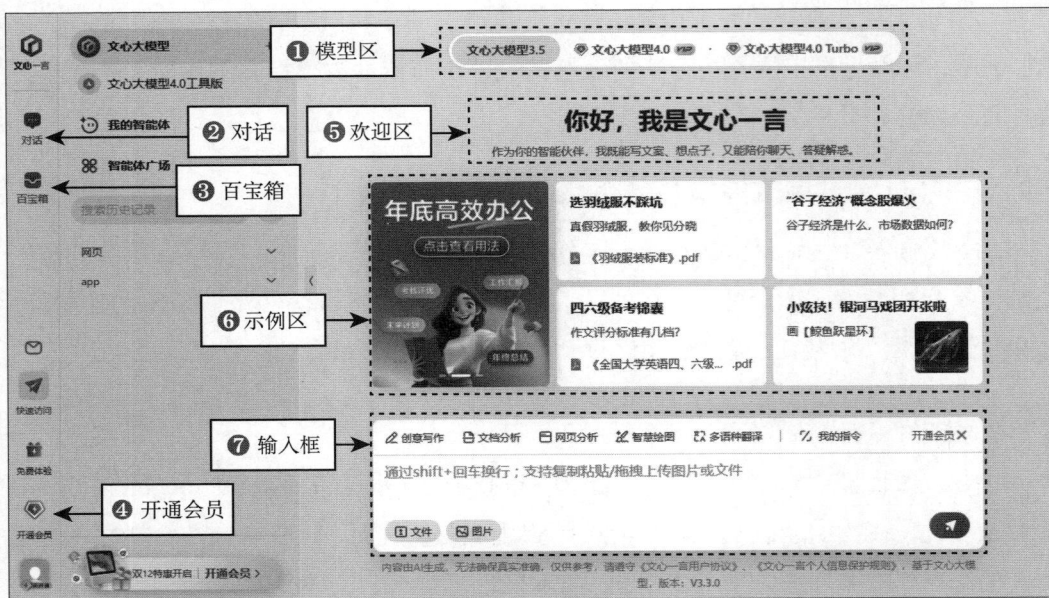

图 1-11　文心一言页面中的主要功能

下面对文心一言页面中的主要功能进行简单讲解。

❶ 模型区。在模型区中可以选择文心一言的 3 大模型——文心大模型 3.5、文心大模型 4.0、文心大模型 4.0 Turbo，不同的版本在技术和应用上均有所突破。其中，文心大模型 3.5 是免费提供给用户使用的，后面两种文心大模型需要用户开通会员才可以使用。

❷ 对话。"对话"页面是文心一言的核心功能之一，为用户提供了一个与 AI 进行自然语言交互的平台。"对话"页面的最下方有一个输入框，供用户输入问题或文本信息。

❸ 百宝箱。百宝箱中有许多的 AI 写作工具，例如提效 Max、AI 绘画等。

❹ 开通会员。单击"开通会员"按钮，弹出相应页面，其中显示了开通会员的相关介绍，如开通价格、权益对比等，该功能是文心一言商业化策略的一部分，旨在为用户提供更多的高级功能和更好的使用体验，以满足用户更加个性化的需求。

❺ 欢迎区。显示了文心一言的相关简介和功能，例如写文案、想点子、陪聊天以及答疑解惑等。

❻ 示例区。对于初次接触文心一言的用户来说，示例区是一个快速了解产品特性和使用方法的途径，该区域中提供了多种文案示例，单击相应的文字链接，可以快速查看该文案示例。通过实际操作，用户可以更加直观地了解文心一言的应用场景和

优势。

7 输入框。用户可以在这里输入想要与 AI 交流的内容，如提问、聊天等，用户可以输入各种问题或需求，支持文字输入、文件上传、图片上传等，还可以创建自己常用的指令，提高 AI 办公效率。例如，在招聘中，HR 可以输入并发送职位要求和公司信息，文心一言便能自动生成招聘广告，甚至根据候选人的背景和应聘岗位生成个性化的面试问题。

2. 豆包

豆包是字节跳动公司基于云雀模型开发的一款 AI 工具，具备强大的自然语言处理能力和智能分析能力，它以丰富的功能和智能的交互方式为用户提供了便捷、高效的信息获取和创作体验，其页面如图 1-12 所示。

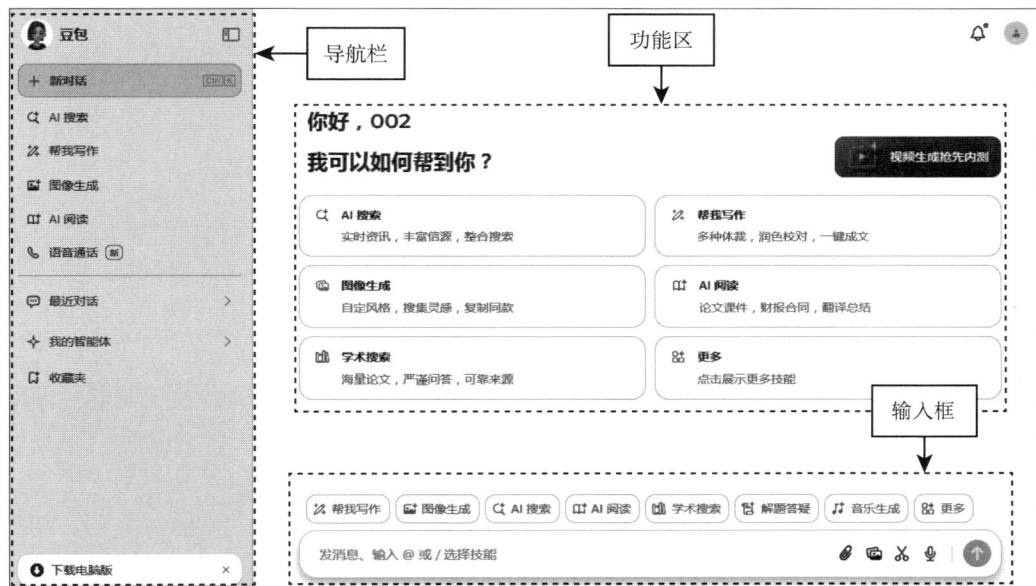

图 1-12　豆包页面

豆包具备"AI 搜索""帮我写作""图像生成""AI 阅读"以及"语音通话"等功能，以适应不同场景和需求下的交互。用户可以在页面下方的输入框中输入自己的想法、疑问、需求等各种信息，无论是寻求知识解答，还是请求创意启发，或是辅助处理表格数据，都可以通过在此输入内容发起交流。

例如，HR 可以输入并发送历史员工的数据、业务增长目标和人才需求，AI 将自动生成员工需求的预测报告，并建议最优的人力资源配置方案。豆包还可以提供员工流动分析，帮助 HR 或企业制订有效的招聘和培训计划。

3. Kimi

Kimi 作为一款由月之暗面科技有限公司开发的智能助手，具备多项强大的功能，旨在帮助用户高效地处理信息、完成任务以及提升工作效率。Kimi 的页面简单易用，如图 1-13 所示。HR 可以在输入框中输入并发送招聘需求或上传候选人的简历，Kimi 将自动为其筛选并推荐符合条件的候选人，帮助 HR 高效地进行招聘与人员配置。

图 1-13　Kimi 页面

4. 通义

通义是阿里巴巴集团研发的一款先进的人工智能语言模型工具，它能够进行多轮对话，进行逻辑推理，理解多模态信息，并支持多种语言，具备"实时记录""阅读助手"以及"PPT 创作"等功能，其页面如图 1-14 所示。

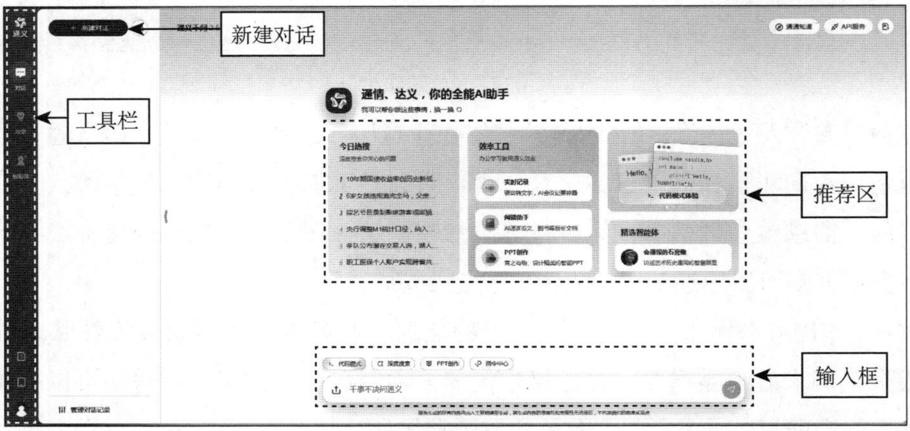

图 1-14　通义页面

HR 可以通过通义平台输入并发送员工的岗位信息、能力评估和职业发展目标，AI 会自动推荐最适合的学习内容和课程。平台还支持员工学习进度跟踪，实时反馈学习效果，为 HR 提供培训效果分析报告。

5. 橙篇

橙篇是百度文库发布的一款 AI 原生应用，它不仅是一个写作工具，更是一个集专业知识检索、问答、超长图文理解与生成、深度编辑和整理、跨模态自由创作等功能于一体的综合性 AI 工具，其页面如图 1-15 所示。

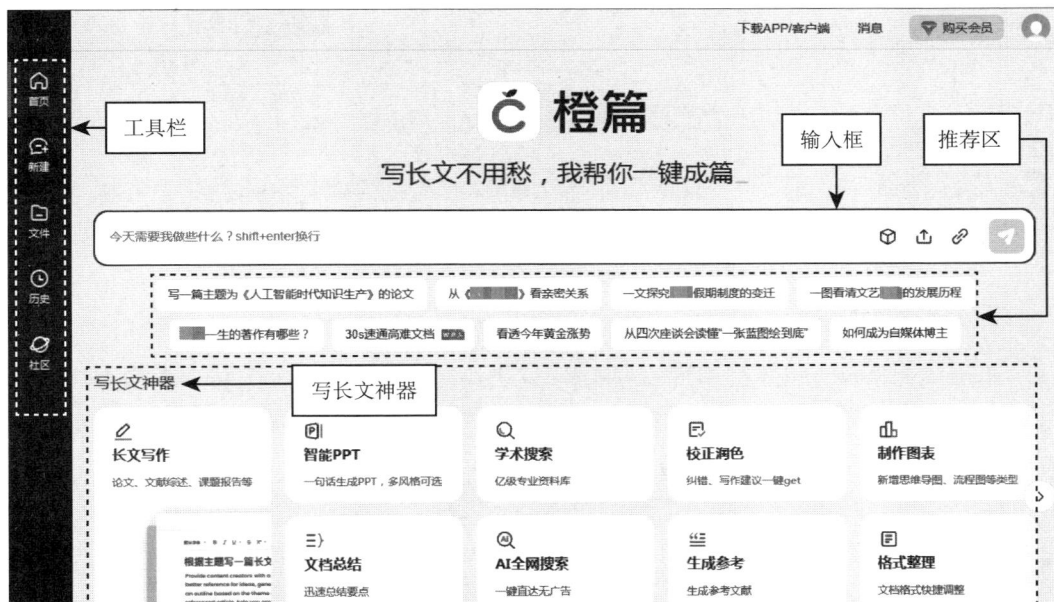

图 1-15　橙篇页面

HR 可以利用橙篇进行绩效数据收集、分析和报告生成，还可以设计员工考核标准，让 AI 反馈绩效考核改进建议，等等，帮助 HR 减少人为偏差，提高考核的客观性和公正性。

6. 智谱清言

智谱清言是北京智谱华章科技有限公司推出的生成式 AI 助手，它具备通用问答、多轮对话、创意写作、代码生成以及虚拟对话等多种能力，为用户提供了广泛的支持和帮助，其页面如图 1-16 所示。

HR 可以在输入框中输入并发送企业的薪酬结构和市场数据，智谱清言会自动生成薪酬方案，并提供详细的行业对比和薪酬结构优化建议。此外，智谱清言还能根据员工的工作表现和市场变动调整薪酬福利策略。

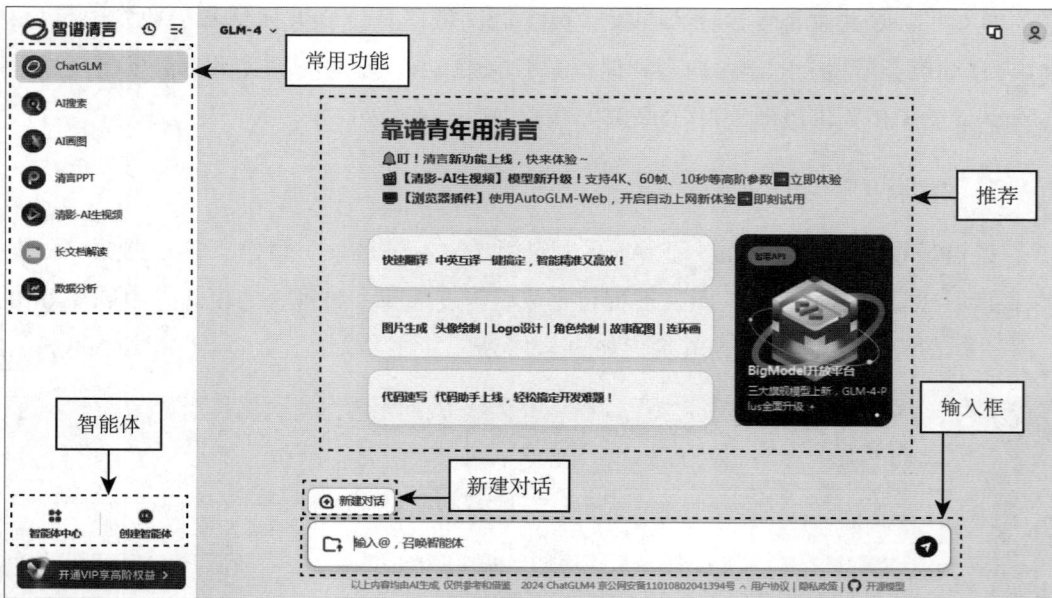

图 1–16　智谱清言页面

7. 讯飞星火

讯飞星火是科大讯飞公司推出的一款 AI 大语言模型，它支持上传多类型文件，一站式智能管理、总结分析、再创作，旨在通过先进的人工智能技术提升自然语言处理的能力，帮助用户快速完成各种任务，其页面如图 1-17 所示。

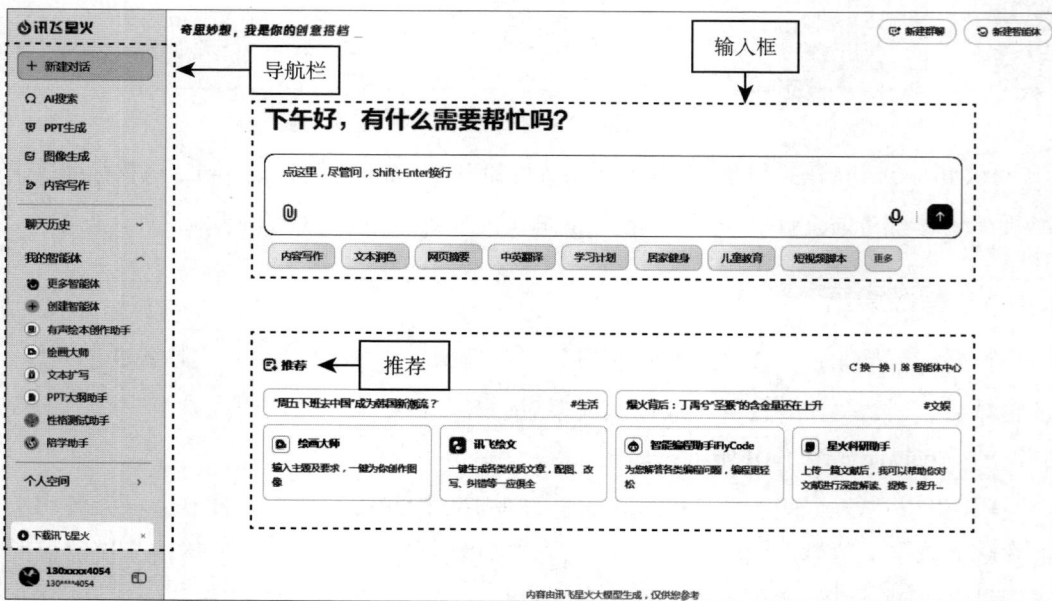

图 1–17　讯飞星火页面

讯飞星火为用户提供了"AI 搜索""PPT 生成""图像生成""内容写作""文本润色""学习计划""短视频脚本"以及智能体等功能，这些功能极大地丰富了用户的数字生活体验。用户可以根据自己的需求选择不同的服务提升工作效率和生活质量。

例如，HR 可以向讯飞星火提供员工投诉或合同条款，讯飞星火会自动分析并给出合规性建议。同时，讯飞星火还可以提供实时法律咨询，帮助 HR 处理劳动争议，确保企业遵守劳动法规。

8. 腾讯文档

腾讯文档是腾讯公司推出的一款在线协作编辑工具，它集成了文档、表格、幻灯片等多种文件类型的编辑与 AI 辅助功能，可以帮助 HR 进行员工数据的量化管理。AI 将通过对员工表现、考勤、绩效等数据的分析，生成多维度的报告和趋势预测，HR 可以根据报告调整员工管理策略，如优化工作分配、制定合理的薪酬政策等。

用户在登录腾讯文档账号后，网页将发生变化，此时可以单击页面上方的"新建"按钮，如图 1-18 所示，通过弹出的列表框，用户可以直接创建文档、表格、幻灯片、PDF、收集表、智能文档、智能表格、智能白板、思维导图以及流程图。

图 1-18 单击上方的"新建"按钮

用户也可以在左侧的"腾讯文档"选项区中，单击"立即使用"按钮，进入腾讯文档首页，❶单击"新建"按钮，同样会弹出列表框，用户可以在此处根据需要创建各类文件；❷单击"AI 文档助手"按钮，如图 1-19 所示。

图 1–19　单击"AI 文档助手"按钮

执行操作后，即可进入"AI 文档助手"页面，如图 1-20 所示。和前文介绍的其他 AI 工具一样，用户也可以在输入框中输入并发送问题或指令，让 AI 生成内容或回答问题；还可以让 AI 生成 PPT、思维导图和流程图等。

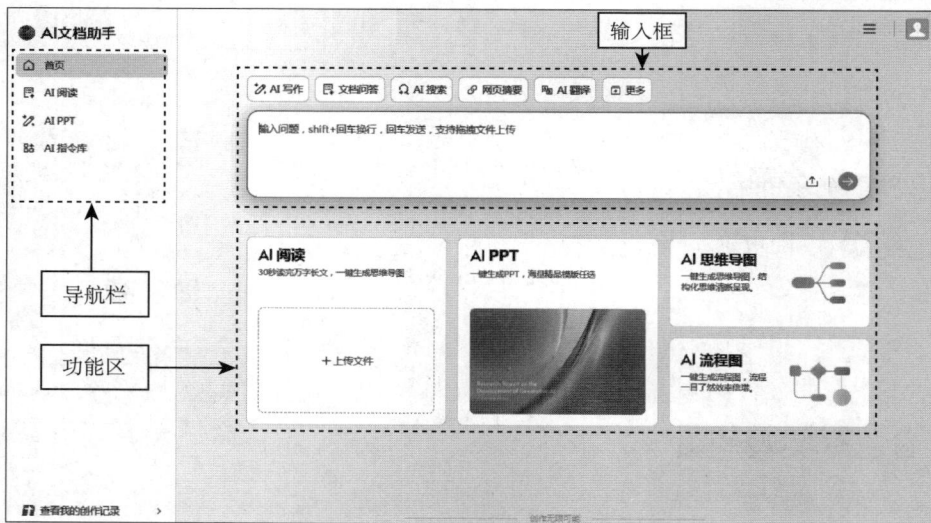

图 1–20　"AI 文档助手"页面

9. WPS AI

WPS Office（简称 WPS）是金山办公旗下的一款办公软件套装，它提供了包括文字处理、表格计算、演示制作等在内的多种办公功能，旨在满足用户在日常办公中的各种需求。随着 AI 技术的发展，WPS 不断融入 AI 元素，为用户提供了 AI 写作助手、AI 阅读助手、AI 设计助手、AI 法律助手等一系列 WPS AI 功能，提升了办公效率和用户体验。

用户可以在 WPS 中新建一个文字文档，连续按下两次【Ctrl】键，唤起 WPS AI；或在菜单栏中单击 WPS AI 标签，弹出列表框，其中显示了"AI 写作助手""AI 阅读助手""AI 设计助手""AI 专业助手"等相关功能，如图 1-21 所示。

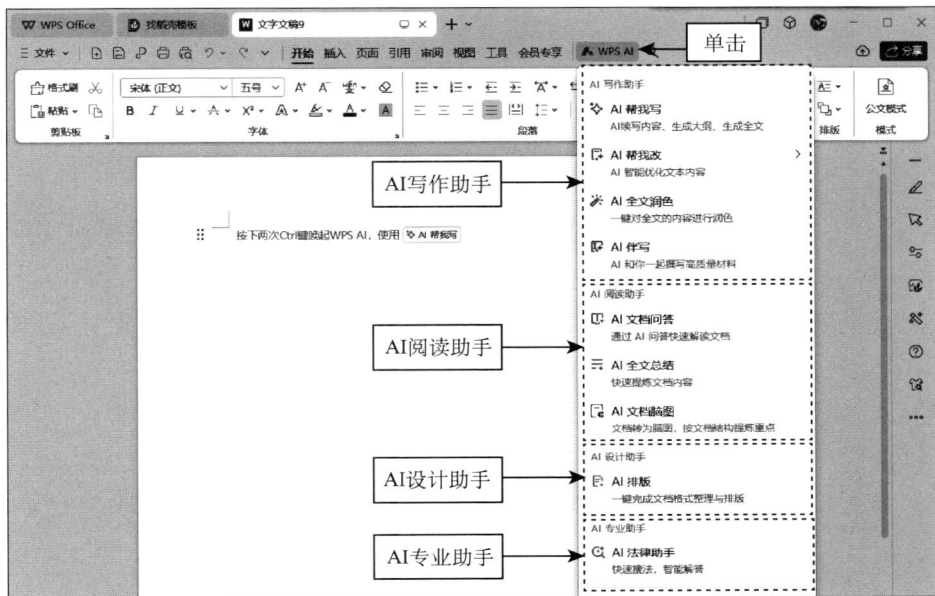

图 1–21　单击 WPS AI 标签

用户可以根据需要选择相应的功能选项，执行操作后，即可唤起 WPS AI。例如，选择"AI 法律助手"，即可弹出"AI 法律助手"面板，如图 1-22 所示。

在输入框中可以输入法律相关问题，也可以输入生成法律文件的指令，让 AI 快速搜法、智能解答法律方面的疑虑。

AI 法律助手通过自然语言处理和机器学习技术，能够理解复杂的法律问题，并提供基于大数据分析的建议。例如，为 HR 提供快速准确的法律信息查询、自动生成法律文书、审查合同、评估法律风险以及法律咨询服务，帮助 HR 节省时间，提高工作效率，同时减少因人为疏忽导致的错误。

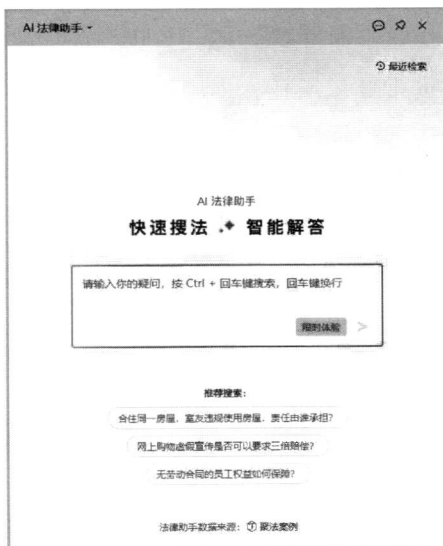

图 1–22　弹出"AI 法律助手"面板

1.3.2 AI 工具账号注册与登录

随着 AI 技术的迅速发展，越来越多的 AI 工具被广泛应用于人力资源管理领域。为了充分发挥这些工具的智能化功能，用户首先需要完成工具的账号注册与登录流程。以 Kimi 为例，下面将详细介绍 AI 工具账号注册与登录的流程。

步骤 01 在电脑中打开相应浏览器，输入 Kimi 的官方网址（或直接搜索 Kimi），打开官方网站，单击左侧工具栏中的"登录"按钮，如图 1-23 所示。

图 1-23　单击"登录"按钮

步骤 02 弹出相应窗口，❶在其中输入手机号与验证码等信息；❷单击"登录"按钮，即可登录 Kimi；用户还可以使用微信的"扫一扫"功能，❸扫描右侧的二维码进行登录操作，如图 1-24 所示。登录 Kimi 后，在左侧工具栏中将显示账号的头像，表示账号登录成功，此时用户即可与 Kimi 进行对话。

图 1-24　扫描右侧的二维码进行登录操作

专家提醒

由于篇幅原因，9 款 AI 工具只介绍了其中一款 AI 工具的账号注册与登录流程，其余的 AI 工具操作基本是共通的，用户可以举一反三掌握其方法。

本章小结

本章首先介绍了 AI、AIGC 及人力资源管理的相关概念，特别是 AI、AIGC 与人力资源管理的关系；然后，深入探讨了 5W1H 分析法，帮助大家理解 AI 如何赋能人力资源管理，详细讲解了 AI 在人力资源管理中的应用场景与实施方式；最后，介绍了 9 款常用的 AI 工具，并以 Kimi 为例示范了其账号注册与登录的流程。

课后实训

鉴于本章知识的重要性，为了帮助大家更好地掌握本章所学内容，本节将通过一个实训案例进行知识回顾和补充。

实训任务：访问豆包官网，完成豆包的账号注册与登录，相关操作如下。

扫码观看教学视频

步骤 01　在电脑中打开相应浏览器，输入豆包的官方网址（或直接搜索"豆包"），打开官方网站，单击右上角的"登录"按钮，如图 1-25 所示。

步骤 02　弹出账号登录面板，❶ 在文本框中输入手机号；❷ 单击"下一步"按钮，如图 1-26 所示。

图 1-25　单击"登录"按钮

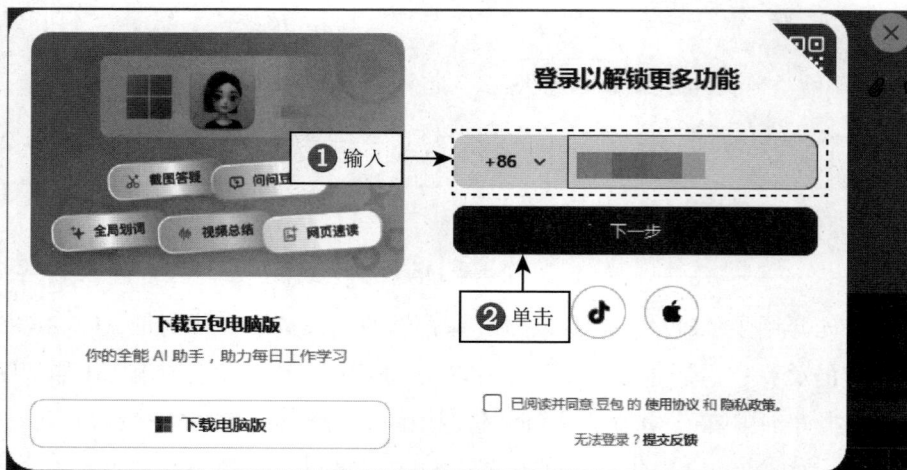

图 1–26 单击"下一步"按钮

步骤 03 弹出"服务协议及隐私保护"对话框，单击"同意"按钮，如图 1-27 所示，即可向填入的手机号发送验证码，输入验证码后，即可登录账号。此外，在账号登录面板中，用户也可以单击 ⬤ 按钮，用抖音账号登录；单击 ⬤ 按钮，用苹果账号登录；还可以单击右上角的二维码 ◥，用豆包 App 扫码登录。

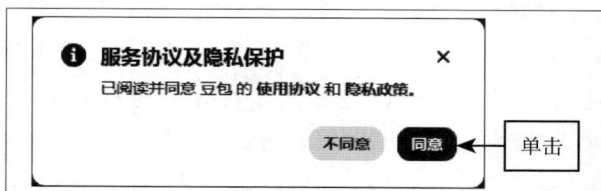

图 1–27 单击"同意"按钮

专家提醒

　　如果用户想将豆包下载到电脑中进行使用，可以单击"下载电脑版"按钮，将豆包安装包下载到电脑中，双击安装包后，将弹出安装程序，用户可以根据提示完成安装操作。

第2章 AI 指令使用技巧

学习提示

在 AI 赋能人力资源管理的过程中，AI 指令尤为重要，HR 人员需要使用 AI 指令，才能结合 AIGC 技术生成需要的内容。AI 指令不仅需要高效、精准地传达任务目标，还需要根据人力资源管理的不同场景进行灵活设计。本章将通过文心一言从基础技巧到进阶策略，全面探讨 AI 指令的使用技巧，并通过文心一言进行具体案例展示。

本章重点导航

◇ AI 指令使用基础技巧

◇ AI 指令使用进阶策略

2.1 AI 指令使用基础技巧

AI 指令是用户向人工智能系统提供的输入文本，用以指导或激发 AI 生成特定类型的内容。它也被称为提示词、关键词、创意和"咒语"等，是人类与 AI 进行交互、传达需求的桥梁。AI 指令可以是问题、提示、任务、主题描述等任何形式的文本信息，目的是让 AI 根据给定的信息产生相关联的回答、文章、图像、音乐等内容。需要注意的是，即使是相同的指令，AI 每次生成的内容也会有差别，不会一模一样。

AI 指令使用的基本技巧是确保指令准确、简洁且高效的关键。通过掌握本节介绍的 10 个 AI 通用的指令使用基本技巧，可以有效提升 AI 系统的响应质量，使得指令在处理人力资源管理任务时达到预期效果。

2.1.1 明确核心目标

用户在输入指令之前，首先要明确指令的核心目标与意图，即想要得到什么样的结果。无论是招聘、员工培训还是绩效评估，明确目标能够让 AI 准确地执行任务，减少错误和偏差。

例如，在评估不同招聘渠道的优缺点时，核心目标是比较各渠道的效率、成本和适应性，从而为 HR 提供最佳的招聘方案。

用户可以进入文心一言官网并登录账号，在输入框中输入指令，单击 ⬤ 按钮发送指令，指导 AI 生成相应内容。案例指令及回复内容如下。

🔲 指令

请分析以下招聘渠道的优缺点：在线招聘平台、猎头公司、校园招聘、社交媒体招聘。请从效率、成本、候选人质量和适应性等方面进行评价，并给出建议

◉ 文心一言

以下是对在线招聘平台、猎头公司、校园招聘、社交媒体招聘这四种招聘渠道的优缺点分析，主要从效率、成本、候选人质量和适应性等方面进行评价，并给出相应建议：

1. 在线招聘平台

优点

效率：在线招聘平台通常拥有庞大的用户数据库和先进的匹配算法，能够快速匹配企业和求职者，提高招聘效率。

成本：相较于传统招聘渠道，在线招聘平台的成本相对较低，适合各种规模的企业。

候选人质量：平台上的求职者众多，涵盖各个行业和层次，企业可以根据需求筛选合适的候选人。

适应性：在线招聘平台适应性强，可以覆盖广泛的地域和人群，满足企业多样化的招聘需求。

缺点

信息过载：求职者数量庞大，可能导致企业筛选简历的工作量增加。

竞争激烈：某些热门职位可能面临大量求职者的竞争，增加招聘难度。

建议：企业可以选择知名度高、用户活跃度高的在线招聘平台，如 BOSS（老板）直聘、智联招聘等，以提高招聘效果。同时，企业应加强简历筛选和面试流程的优化，确保招聘到合适的人才。

……

专家提醒

因为篇幅原因，本书 AI 回复的内容只展示要点，详细的回复文案请看随书提供的效果文件。

2.1.2　提供信息启发

扫码观看教学视频

在设计指令内容时，要追求质量而非数量，尽可能提供详细、准确、具有启发性的信息，引导 AI 思考，以激发 AI 的创造力。同时，还要避免提供过多的限制性信息，给 AI 留下一定的自由发挥空间。

例如，在进行公司内部人员竞岗时，HR 可以向 AI 提供公司目前各部门的岗位空缺、员工的能力评估和职业发展需求等信息，帮助 AI 设计出符合组织需求的竞岗方案。案例指令及回复内容如下。

指令

请根据以下信息生成一份内部人员竞岗方案：

公司目前有两个空缺岗位：财务经理和市场总监。员工 A 具有较强的财务分

析能力，但缺乏管理经验；员工 B 具有丰富的市场推广经验，但财务背景较弱。公司希望通过竞岗促进员工的职业发展并提升岗位匹配度

文心一言

公司内部人员竞岗方案

一、背景与目的

随着公司业务的不断拓展与深化，为了进一步优化人力资源配置，提升团队效能，现针对公司内部空缺的财务经理和市场总监两个关键岗位，推出内部竞岗方案。此方案旨在为员工提供职业发展平台，鼓励员工根据个人能力和职业规划积极参与竞争，同时通过公平竞争机制提高岗位与人员的匹配度，推动公司整体战略目标的实现。

二、空缺岗位介绍

1. 财务经理

主要职责：负责公司财务管理、预算编制与执行监控、财务分析、成本控制及风险管理等工作。

所需能力：强大的财务分析能力、良好的预算管理技巧、一定的团队管理经验及优秀的沟通协调能力。

2. 市场总监

主要职责：制定并实施市场策略，提升品牌影响力，管理市场推广活动，分析市场趋势并调整策略。

所需能力：丰富的市场推广经验、敏锐的市场洞察力、强大的团队领导力和出色的谈判技巧。

......

2.1.3 使用自然语言

自然语言是指人类日常使用的语言，包括口语和书面语。与计算机语言不同，自然语言是人类用来表述问题或需求的方式，几乎所有人都能轻松理解；而计算机语言则是人们为了与计算机进行交互而设计的特定语言，一般人是无法理解的。

扫码观看教学视频

在与 AI 对话的过程中，用户要尽量使用自然语言来指导 AI，避免使用过于复杂或专业的语言，可以让 AI 更好地理解用户的需求，并生成自然、流畅的回答。

例如，在员工晋升评估时，使用自然语言明确描述评估标准和目标，帮助 AI 生成符合需求的晋升评估报告。案例指令及回复内容如下。

指令

请生成一份关于员工李明晋升的评估报告：李明在过去一年的工作中表现突出，具备较强的团队协作能力和项目管理经验，但在客户沟通方面略有不足。请根据他的工作表现、领导力、团队贡献以及培训需求，评估他是否符合晋升为部门经理的条件

文心一言

员工晋升评估报告

员工姓名：李明

当前职位：[当前职位名称]

拟晋升职位：部门经理

评估周期：过去一年

一、工作表现评估

在过去的一年中，李明展现了卓越的工作表现，不仅在既定任务上超额完成目标，还主动承担额外责任，以支持团队和项目的顺利进行。他能够高效地处理复杂的工作任务，确保项目按时按质完成，体现了其扎实的专业技能和出色的时间管理能力。特别是在项目管理方面，李明展现了丰富的经验和出色的组织协调能力，有效推动了项目的进度，确保了资源的合理分配与利用。

二、领导力评估

……

2.1.4　示例激发创意

用户在指令中可以给 AI 提供一些示例，从而激发 AI 的创意，帮助其更好地理解用户需求。尤其在设计创意型任务时，示例尤为重要。

扫码观看教学视频

例如，在策划员工庆生活动时，可以通过提供其他公司成功的庆生活动案例，激发 AI 生成创意和活动细节，帮助 HR 设计出更具吸引力和凝聚力的庆生活动方案。案例指令及回复内容如下。

📷 **指令**

请参考以下员工庆生活动示例，设计一个公司内部的庆生活动方案：

公司 A 为员工举办了主题生日派对，提供定制蛋糕、生日礼物和娱乐活动；公司 B 则通过团队午餐、生日卡片和员工感言等形式表达对员工的祝福。

请设计一个有创意的员工庆生活动，增强团队凝聚力

📷 **文心一言**

公司 C 员工庆生活动创意方案：时光穿梭主题日

活动背景与目的：

在快节奏的工作环境中，为员工庆祝生日不仅是表达公司对员工个人价值的认可，更是增强团队凝聚力、促进员工间情感交流的好机会。本次"时光穿梭主题日"旨在通过创意与趣味性的活动设计，让员工在享受生日喜悦的同时，回顾过去、珍惜现在、展望未来，加深彼此间的了解和友谊。

活动时间：

选择某个月份中所有过生日员工的共同休息日或工作日的下午时段，确保大部分员工能够参与。

活动地点：

公司内部多功能厅或租赁的创意空间，根据预算和规模决定。场地需进行主题装饰，营造穿越时空的氛围。

活动流程：

开场：时光之门入场

……

📖 2.1.5 用问题导向法

用户可以采用问题的形式，提出希望 AI 回答或讨论的内容。注意，问题要明确具体，不要太宽泛，避免像"告诉我关于人力资源管理的全部内容"这样过于开放式的问题。另外，用户还可以使用"哪些""如何""为什么""什么"等提问词构建指令。

扫码观看教学视频

例如，在进行部门减员调岗时，通过明确问题的方式，引导 AI 分析部门内部的人员调整方案，从而为 HR 提供优化建议。案例指令及回复内容如下。

指令

请根据以下问题，生成一份部门减员调岗方案：

哪些员工在当前岗位上表现优异，适合保留？哪些岗位存在冗余，需要合并或调整？如何评估员工在其他岗位上的适应性和转岗的培训需求？

文心一言

部门减员调岗方案

一、目的与背景

随着公司业务战略的调整及市场环境的变化，为了优化人力资源配置，提升团队效率与竞争力，本方案旨在通过科学合理的评估与分析，确定哪些员工在当前岗位上表现优异，应予保留，哪些岗位存在冗余需合并或调整，并规划员工转岗的适应性与培训需求，确保平稳过渡与团队效能的最大化。

二、员工表现评估与保留策略

1. 表现优异员工识别：

数据分析：依据过去一年的绩效考核数据（如 KPI（Key Performance Indicator，关键绩效指标）完成率、项目贡献度、同事评价等），筛选出排名前 20% 的员工。

技能与态度评估：结合专业技能测试、领导力评估（针对管理岗位）、团队合作能力及创新思维考察，综合评价员工的能力与潜力。

保留策略：对于表现优异且符合公司未来发展方向的员工，提供晋升机会、加薪奖励或股权激励，明确其职业发展规划，增强其归属感与忠诚度。

2. 冗余岗位识别与调整

……

2.1.6 提供具体细节

在使用 AI 指令时，提供具体的细节能够帮助 AI 更好地理解任务的背景和要求，从而生成更精确、符合需求的结果。

例如，HR 在撰写员工处罚通知时，提供详细的违规行为、处罚理由和相关公司政策，帮助 AI 生成清晰、准确的通知内容。案例指令及回复内容如下。

扫码观看教学视频

指令

请根据以下信息生成一份员工处罚通知：

员工张三因多次迟到未按公司规定打卡，违反了公司考勤管理制度。根据公司相关政策，决定对其进行书面警告，并要求其在两周内改善考勤行为。通知内容需要简洁明了，并明确处罚原因和改正要求

文心一言

员工处罚通知

致：张三

主题：关于多次迟到未按公司规定打卡的处罚通知

根据公司考勤管理制度的相关规定，员工应严格遵守上下班打卡制度，以确保考勤数据的准确性和及时性。然而，经核查，您近期多次出现迟到且未按要求打卡的情况，这一行为已经违反了公司的考勤管理制度。

鉴于此，公司决定对您进行书面警告。此次处罚旨在提醒您重视考勤纪律，确保今后能够严格遵守公司的相关规定。

处罚原因：多次迟到未按公司规定打卡，违反了公司考勤管理制度。

改正要求：请您在接到本通知后的两周内，认真反思并切实改善您的考勤行为，确保今后能够按时打卡，不再出现迟到情况。

请您认真对待此次处罚，并在规定时间内完成改正。如有任何疑问或需要进一步说明，请及时与人力资源部联系。

特此通知。

人力资源部

［发布日期］

2.1.7 明确输出要求

在使用 AI 指令时，明确输出要求是至关重要的，这可以确保 AI 在生成结果时，遵循特定的格式和结构，满足用户的需求。

扫码观看教学视频

例如，在设计工作时间流程安排时，明确输出要求可以帮助 AI 生成清晰、易于理解的工作排班计划，确保每个班次的人员配置和工作时间都合理。案例指令及回复内容如下。

指令

请根据以下信息设计一份三班倒工作时间流程安排：

公司为 24 小时运营的生产车间，现有 30 名员工，需安排为早班、中班和晚班。每班次需覆盖 8 小时，保证每个班次至少有 5 名员工，确保生产线运转不间断。结果要求以表格格式输出，包括班次安排表、每班员工人数以及工作时间段

文心一言

以下是根据您提供的信息设计的三班倒工作时间流程安排表格：

班次安排表

班次	员工人数	工作时间段
早班	10 人	06:00 — 14:00
中班	10 人	14:00 — 22:00
晚班	10 人	22:00 — 06:00

详细安排说明：

……

2.1.8 补充上下文

提供任务的上下文信息有助于 AI 在执行指令任务时理解环境和背景，从而更好地生成符合情境的输出。

扫码观看教学视频

例如，在进行员工满意度调查时，提供公司的文化背景和业务方向等，可以帮助 AI 生成更符合实际情况的调查问卷。案例指令及回复内容如下。

指令

生成一份员工满意度调查问卷，要求考虑到公司致力于创新和多元文化，调查内容包括：工作环境、团队合作和领导力评估

文心一言

员工满意度调查问卷

尊敬的同事：

为了营造一个更加积极向上、富有创新和多元文化的工作环境，我们特此开展本次员工满意度调查。您的反馈对我们至关重要，将直接帮助我们了解工作中

的优点与不足，从而采取有效措施进行改进。请您根据自己的真实感受，认真填写以下问卷。您的所有回答都将被严格保密，并仅用于改善公司的工作环境和文化氛围。

一、工作环境

1. 您对公司的物理工作环境（如办公室布局、设施配备、卫生状况等）满意吗？

非常满意

满意

一般

不满意

非常不满意

2. 您觉得公司的创新氛围如何？

非常浓厚，鼓励尝试新事物

较为浓厚，但仍有提升空间

一般，创新举措有限

较为薄弱，创新受到抑制

非常薄弱，缺乏创新精神

……

2.1.9 使用肯定句

扫码观看教学视频

使用肯定句能够明确表达任务要求，避免模糊不清的指令，让 AI 更清楚地理解需要完成的工作，从而提高输出的准确性和执行力。

例如，当 HR 要求 AI 生成某项工作流程时，应避免使用"不要包括某某内容"的否定句，而应明确列出应包括的内容。案例指令及回复内容如下。

指令

请设计一份完整的招聘流程，包括以下步骤：发布职位需求、筛选简历、安排面试、面试评估、录用通知。确保每个阶段都详细列出具体操作步骤、负责人员以及时间节点，流程要求简洁且高效，适用于技术岗位招聘

文心一言

技术岗位招聘流程设计

一、发布职位需求

1. 确定职位详情

操作步骤：根据业务需求，明确技术岗位的职责、任职要求（如学历、专业技能、工作经验等）、薪资范围及工作地点等。

负责人员：人力资源部招聘专员与技术部门经理共同确定。

时间节点：需求确认后 3 个工作日内完成。

2. 撰写职位描述

操作步骤：基于职位详情，撰写吸引人的职位描述，突出公司文化、团队优势及职位发展前景。

负责人员：人力资源部招聘专员。

时间节点：职位详情确定后 2 个工作日内完成。

3. 发布招聘信息

操作步骤：通过公司官网、行业招聘网站（如 BOSS 直聘、拉勾网、猎聘等）、社交媒体（如抖音、微博）及内部推荐渠道发布职位信息。

负责人员：人力资源部招聘专员。

时间节点：职位描述完成后立即发布，持续至招聘结束。

二、筛选简历

……

2.1.10 用角色模拟法

扫码观看教学视频

角色模拟法是指通过设定特定角色或身份来引导 AI 生成符合情境的结果，特别适用于处理复杂或敏感的任务，可以帮助 AI 站在不同角度思考问题，从而获得多元化的输出。

例如，在进行员工降级谈话时，可以采用角色模拟法，让 AI 模拟 HR 经理、员工及其直接上级的角色，使 AI 生成更具同理心和建设性的谈话内容。案例指令及回复内容如下。

指令

请模拟一次员工降级谈话，涉及以下角色：HR 经理、员工张成、部门主管

李雨眠。HR 经理需要向张成解释降级的原因，强调这是基于工作表现的合理调整，并提供改进建议；主管李雨眠需要向张成说明降级决定的背景，并鼓励他在新岗位上继续发展。谈话内容需要保持专业、尊重和建设性，避免伤害员工的情感

文心一言

员工降级谈话模拟

场景：公司会议室

参与者：HR 经理（王莉）、员工张成、部门主管李雨眠

王莉（HR 经理，面带微笑，语气平和）：张成，非常感谢你今天能抽出时间来参加这次会议。我们知道这可能是一个不太容易接受的讨论，但我们相信坦诚的沟通对我们所有人都是有益的。首先，我想请李雨眠主管先向你解释一下这次会议的背景。

李雨眠（部门主管，点头示意）：张成，过去的一段时间里，我们部门一直在密切关注每位员工的工作表现和项目贡献。经过综合评估，我们发现你的工作成果和效率没有达到我们预期的标准。特别是在 XX 项目和 YY 任务中，你的表现与团队其他成员相比存在一定的差距。我们对此进行了多次内部讨论，并考虑了多种可能的解决方案，最终决定对你的职位进行降级调整。这个决定并非轻易做出，而是基于对你的工作表现的全面评估。

张成（显得有些紧张，但保持镇定）：谢谢李主管的解释。我能了解一下具体是哪些方面没有达到要求吗？

……

2.2 AI 指令进阶策略

本节将为大家介绍 AI 指令进阶策略，旨在帮助大家进一步优化 AI 指令，以便更精准、高效地与 AI 系统交互，提升 AI 的智能化水平，使其能够处理更复杂的人力资源管理任务。

2.2.1　直接问直击要点

在使用 AI 指令时，"直接问"是一种高效且实用的策略，其核心在于通过简洁、直接的语言表达自己的需求，可以帮助 AI 迅速聚焦核心问题，避免冗长的背景信息，使得指令简洁明了，便于 AI 高效生成精确的结果。

例如，HR 在处理员工频繁请假问题时，可以通过直接提问的方式，让 AI 聚焦于分析请假的原因、影响和可能的解决方案，帮助 HR 做出有效决策。案例指令及回复内容如下。

扫码观看教学视频

指令

请分析员工李四频繁请假的原因，并提出改进建议。李四在过去的三个月中，请假超过 15 次，主要为个人健康原因和家庭紧急情况。请从员工关怀、管理政策和岗位适配等方面给出解决方案

文心一言

针对员工李四在过去三个月中频繁请假，超过 15 次，且主要原因为个人健康问题和家庭紧急情况，我们可以从多个角度进行分析，并提出相应的改进建议。

原因分析

1. 个人健康问题：

• 李四可能面临长期的健康问题或慢性疾病，需要定期治疗或休养。

• 工作压力过大或工作环境不佳可能导致身体出现不适。

2. 家庭紧急情况：

• 家庭成员的突发疾病、事故或其他紧急事件需要李四的关注和照顾。

• 家庭责任重，如照顾老人、小孩等，可能因突发情况而请假。

改进建议

……

2.2.2　精准法细化问题

通过精确化问题，指令能够引导 AI 深入分析任务的具体方面，从而得出更加切实可行的解决方案。这种方法有助于在解决复杂问题

扫码观看教学视频

时避免遗漏关键细节。

例如，HR 在处理员工绩效不佳问题时，可以通过细化问题，帮助 AI 从多个角度（如工作态度、技能缺口、工作环境等）分析问题的根源，并给出具体的改进建议。案例指令及回复内容如下。

指令

请分析员工王五绩效不佳的原因，并提出具体改进措施。王五在过去三个季度的绩效评估中未达标，主要在项目管理和客户沟通方面表现不佳。请从工作态度、技能培训、团队协作等方面分析原因，并给出针对性的改进方案

文心一言

针对员工王五在过去三个季度的绩效评估中未达标，主要在项目管理和客户沟通上表现不佳的情况，我们可以从工作态度、技能培训、团队协作等方面进行深入分析，并提出具体的改进措施。

原因分析

1. 工作态度

• 缺乏积极性：王五可能对项目管理和客户沟通的重要性认识不足，导致工作投入不足。

• 责任心不强：在项目管理中未能有效跟踪进度，对客户反馈处理不及时，可能反映出责任心不足。

2. 技能培训

• 项目管理能力不足：王五可能缺乏系统的项目管理知识和实践经验，导致项目推进不力。

• 沟通技巧欠缺：在与客户沟通时，可能因缺乏有效的沟通技巧而难以建立良好关系，影响客户满意度。

3. 团队协作

• 团队融入度低：王五可能未能充分融入团队，与团队成员沟通不畅，导致协作效率低下。

• 资源协调不力：在项目管理中，未能有效协调团队资源，导致项目进展受阻。

改进方案

……

2.2.3 指令式提供操作细节

通过提供清晰的操作细节，AI 能够更准确地执行任务，生成符合需求的具体方案或建议，特别是在需要实施细化策略时，操作细节显得尤为重要。

例如，HR 在帮助员工提高自我管理能力时，提供具体的操作细节，可以帮助 AI 生成提升自我管理能力的具体方法和步骤。案例指令及回复内容如下。

扫码观看教学视频

指令

请根据以下信息，设计一份提高员工自我管理能力的培训方案：员工主要面临的挑战是时间管理和任务优先级安排。培训方案需包括时间管理技巧、目标设定方法和自我激励策略，确保培训内容实用且易于实施。请列出每个模块的具体课程内容、培训形式和时间安排

文心一言

提高员工自我管理能力的培训方案

一、培训目标

通过本次培训，帮助员工掌握有效的时间管理技巧、目标设定方法和自我激励策略，从而提升他们的自我管理能力，提高工作效率和工作质量。

二、培训对象

全体员工

三、培训时间

总时长：3 天（每天 8 小时，含休息与互动时间）

四、培训模块及课程内容

第一天：时间管理技巧

模块一：时间管理基础

课程内容：介绍时间管理的重要性、常见的时间管理误区、时间管理的原则。

培训形式：讲师讲解＋案例分析＋小组讨论。

时间安排：上午 9:00—11:00。

模块二：时间管理工具与方法

……

2.2.4 用模板规范输出结构

扫码观看教学视频

通过使用模板，AI 可以根据事先定义的结构生成规范化的内容，确保输出结果有序、清晰且易于操作，尤其适用于需要标准化的任务。

例如，在管理员工的工作时间和休息时间时，可以使用模板规范输出员工的排班表和休息时间安排，确保其符合公司政策并满足员工需求。案例指令及回复内容如下。

指令

请根据以下信息，使用模板生成员工工作时间和休息时间安排表：员工 A 每周工作 40 小时，需确保每班次间隔至少 8 小时，并且每月有 2 天休息。请按照下列模板结构生成时间安排：1. 员工姓名；2. 每日工作时间；3. 每日休息时间；4. 每月休息天数

文心一言

1. 员工姓名：员工 A

2. 每日工作时间：

周一至周五：

班次 1：09:00—13:00

班次 2：15:00—19:00

（确保每班次间隔至少 8 小时）

3. 每日休息时间：

工作日午休时间：13:00—15:00（2 小时）

每班次结束后至次日班次开始前为休息时间，确保至少 8 小时

4. 每月休息天数：2 天（具体休息日可根据实际情况安排，如周末或特定日期）

2.2.5 用整合式综合信息

扫码观看教学视频

整合式方法通过结合多方面的信息，帮助 AI 从不同角度分析和解决问题，特别适合处理复杂的任务或决策。

例如，在管理季节性员工或临时员工时，结合员工需求、公司业务波动以及招聘与培训的周期性信息，可以帮助 AI 制订全面的人员管理方案。案例指

令及回复内容如下。

指令

> 请根据以下信息生成一份季节性员工管理方案：公司每年夏季需要增加 20 名临时员工以应对销售高峰，员工主要从事仓库管理和客户服务工作。员工需进行为期一周的入职培训，并且每位员工需在不同的岗位上轮岗。请整合员工招聘、培训安排、工作时间和薪酬福利等方面的信息，提供一个全面的管理方案

文心一言

季节性员工管理方案

一、背景概述

为应对每年夏季的销售高峰，公司计划招聘 20 名临时员工，主要负责仓库管理和客户服务工作。为确保新员工能够快速融入团队并高效地完成工作任务，特制订本季节性员工管理方案，涵盖员工招聘、培训安排、工作时间及薪酬福利等方面。

二、员工招聘

1. 招聘需求确定：

招聘人数：20 名

招聘岗位：仓库管理员（10 名）、客户服务专员（10 名）

招聘时间：每年 5 月初启动招聘流程，预计 6 月初完成招聘并安排入职

……

2.2.6　用创新式方法进行探索

创新式方法通过引导 AI 从新的视角或以新的方式处理问题，激发更多独特且富有创造力的解决方案，特别适合需要突破性思维的场景。

扫码观看教学视频

例如，在提高员工创新能力时，HR 可以引导 AI 提出激发员工创意思维的全新策略，包括创意工作坊、跨部门协作及创新激励机制等。案例指令及回复内容如下。

指令

> 请设计一个提高员工创新能力的方案，方案需包括以下内容：1. 定期举办创

意工作坊以激发团队创新思维；2. 安排跨部门协作项目以鼓励多样化观点融合；3. 制定创新激励机制，如奖励提出可行创意的员工。请以富有新意且实用的方式整合这些内容，并提供实施建议

文心一言

员工创新能力提升综合方案："创想无界，共筑未来"

一、方案概述

"创想无界，共筑未来"是一个旨在全面提升员工创新能力的综合性方案。通过定期举办创意工作坊、安排跨部门协作项目以及制定创新激励机制，该方案旨在激发团队的创新思维，促进多样化观点的融合，并奖励那些提出并实践可行创意的员工，从而营造一个充满活力、鼓励探索与创新的工作环境。

二、核心策略与实施建议

1. 定期举办创意工作坊：思维碰撞的火花

主题多样化：每月举办一次创意工作坊，每次围绕不同主题展开，如"未来科技趋势""产品设计思维""服务创新"等，确保内容新颖且与公司业务相关。

外部专家邀请：邀请行业内的创新领袖、设计师、创业家作为嘉宾，分享他们的创新经验和成功案例，激发员工的灵感。

互动式学习：采用设计思维、头脑风暴、角色扮演等互动方式，让员工在轻松愉快的氛围中自由表达想法，促进思维的碰撞与融合。

成果展示：每次工作坊结束后，组织一次小型成果展示会，让员工展示他们的创意方案，增强成就感，同时促进团队间的相互学习与启发。

2. 跨部门协作项目：融合多样视角

……

本章小结

本章首先介绍了 AI 指令使用基础技巧，以案例的方式，详细介绍了 10 种基础技巧；然后，介绍了 6 种 AI 指令使用进阶策略，提高 AI 系统在处理人力资源管理任务时的效率和准确度。通过合理设计和优化 AI 指令，能够更好地赋能人力资源管理，推动企业智能化办公的进程。

课后实训

鉴于本章知识的重要性，为了帮助大家更好地掌握本章所学内容，本节将通过一个实训案例进行知识回顾和补充。

实训任务：在文心一言中，使用角色模拟法发送 AI 指令，让 AI 模拟一场裁员劝离谈话，训练 HR 人员在裁员过程中为员工提供有效的帮助和选择的能力，并帮助员工顺利过渡到新的岗位，开始新的职业生涯。相关指令及回复内容如下。

扫码观看教学视频

指令

请模拟一场裁员劝离谈话，涉及以下内容：1. 向员工解释裁员决定的原因及公司面临的挑战；2. 提供员工的离职选择，包括遣散费、转岗机会或外部职业转型支持；3. 确保在谈话中尊重员工感受，体现同理心，并提供实际的支持和帮助

文心一言

裁员劝离谈话模拟

场景设定：公司会议室，桌上摆放着两份文件夹，一份是公司的裁员通知文件，另一份是员工的离职补偿方案。窗外天色阴沉，室内灯光柔和，营造出一种既严肃又温馨的氛围。

人物：

经理（M）：人事部门经理，负责此次裁员谈话。

员工（E）：被裁员工，对公司有一定忠诚度，但对即将到来的裁员感到不安。

谈话开始

M：（微笑，语气温和）E，感谢你抽出时间来这里。我知道这对你来说可能不是一次轻松的谈话，所以我希望能尽量直接与你沟通。首先，我想解释一下公司目前的状况和我们做出这个决定的原因。

E：（点头，表情略显紧张）好的，经理，我准备好了。

M：过去几个月，我们面临着前所未有的市场挑战。全球经济的不确定性，加上行业竞争加剧，导致我们的业务量大幅下降。为了保持公司的长期竞争力和可持续发展，我们不得不做出一些艰难的决策，包括调整团队结构，以减少运营成本。很遗憾，这次调整影响到了你所在的部门，你的职位也在受影响之列。请相信，这个决定是经过深思熟虑和多次讨论的，并非轻易做出的。

E:（深吸一口气，试图保持冷静）我理解公司的难处，但还是有些难以接受。

M:（点头表示理解）我完全能理解你的感受，这确实是个沉重的消息。现在，我想谈谈关于你离职的具体安排。我们提供了几种选择，希望能帮助你顺利过渡。首先，你可以接受我们的遣散费方案，根据你的工作年限和职位，我们会按照公司政策给予相应的经济补偿。

......

第**3**章 AI 优化人力资源规划

学习提示

　　在人力资源管理领域，AI 的引入为规划和执行提供了智能化支持。利用 AI 工具——豆包，不仅能有效提升规划的科学性，还能优化企业决策，提高组织效率。本章将结合实际案例展示如何通过 AI 制定人力资源策略、优化组织结构并监控规划执行效果。

本章重点导航

◈ 人力资源规划策略制定
◈ 人力资源规划执行与监控

3.1 人力资源规划策略制定

人力资源规划是企业战略中至关重要的一部分，它涉及组织内人才的配置、培养与调动，以支持企业的长期发展目标。随着 AI 技术的进步，越来越多的企业开始利用 AI 工具（如豆包等）辅助制定人力资源规划，不仅提升了效率，还使得规划更加科学、精准和动态。通过 AI，HR 可以更清晰地把握组织内外的需求与变化，优化人员配置和成本控制，确保组织具备适应未来挑战的能力。本节将详细介绍如何利用 AI 制定科学有效的人力资源规划策略。

3.1.1 用 AI 生成人力资源管理职责

制定人力资源管理职责是确保公司各项人力资源活动顺利进行的基础。在传统的人力资源管理中，职责分配通常依赖于人力资源经理的经验和直觉，而引入 AI 后能够通过数据分析为企业提供更加科学、精确的职责分配方案。通过对企业现有结构、战略目标、员工技能和绩效数据的分析，AI 能够自动化生成岗位职责，并随着公司需求变化进行动态调整。

例如，对于一家跨国企业而言，豆包可以通过 AI 技术分析其全球各地区的业务需求，自动生成各个部门的人力资源管理职责。豆包可以识别哪些岗位是关键岗位，哪些岗位需要进行技能提升，甚至能够根据员工的绩效和能力自动推荐适合的岗位职责调整方案。

用户可以进入豆包官网并登录账号，在输入框中输入指令，单击 ⬆ 按钮发送指令，指导 AI 生成人力资源管理职责。案例指令及回复内容如下。

指令

以一家跨国企业为背景，基于企业战略目标和现有的员工技能数据，生成针对人力资源管理的详细职责分配，包括招聘、培训、绩效管理、员工关系等领域的具体任务分配

豆包

以下是一家跨国企业人力资源管理在各领域的详细职责分配示例：

跨国企业人力资源管理职责分配

一、招聘

1.招聘经理

- 与各部门主管紧密合作，根据企业战略目标确定年度招聘计划，包括各地

区、各部门的人员需求数量、岗位类别与技能要求等详细规划。

- 负责制定并优化招聘流程与策略，以确保高效吸引和筛选优质候选人，例如确定合适的招聘渠道组合（如招聘网站、猎头合作、校园招聘、内部推荐等），并评估各渠道的有效性与成本效益。

- 监督招聘团队的日常工作，包括招聘信息发布、简历筛选、候选人电话沟通与初步面试安排等环节，确保流程执行的准确性与及时性。

- 与外部招聘合作伙伴（如猎头公司、招聘平台）建立良好的合作关系，进行商务谈判、合同签订与费用管理，定期评估合作伙伴的服务质量并做出调整。

- 参与关键岗位或高级管理人员的面试环节，运用专业的面试技巧与人才评估方法，综合各方面因素做出准确的录用决策，并与用人部门达成共识。

- 定期分析招聘数据，如招聘周期、招聘成本、录用比例、候选人来源等指标，撰写招聘报告并向高层汇报，为企业招聘策略调整提供数据支持与决策依据。

2. 招聘专员

- 根据招聘经理制订的招聘计划，具体执行招聘信息的发布工作，确保信息在各选定渠道的准确传播，包括职位描述的编写与更新、宣传海报制作（如有需要）等，以吸引符合要求的候选人。

……

以上内容仅供参考，你可根据企业实际情况进行调整与完善。如果你还有其他问题，欢迎继续向我提问。

3.1.2　用 AI 生成人力资源需求预测

人力资源需求预测是人力资源规划中的核心环节之一，能够帮助企业提前预测未来所需的人力资源，以便进行合理的招聘、培训和配置。传统的需求预测通常依赖于经验和历史数据，但这种方法存在较大的不确定性和误差。AI 可以通过分析大量的历史数据、市场趋势和行业发展动态生成精准的需求预测模型，帮助 HR 团队科学地预测未来的员工需求，特别是在关键岗位和紧缺人才的预测上。

扫码观看教学视频

例如，一家互联网公司正在进行大规模扩张，可以利用豆包分析公司的业务增长计划、行业趋势和员工流动数据，预测未来 3 年内所需的技术人员、产品经理和市场人员的数量，提前为这些岗位做好人才储备和招聘规划。

用户可以在豆包页面上传互联网公司过去 3 年的人力资源需求、发展规划与行业趋势报告，通过 AI 指令，让 AI 生成人力资源需求预测，具体操作如下。

步骤 01 在豆包输入框的右侧，单击 📎 按钮，如图 3-1 所示。

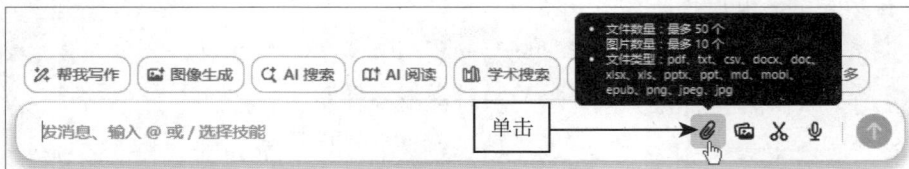

图 3–1　单击相应按钮

步骤 02 弹出"打开"对话框，选择需要上传的文档，如图 3-2 所示。

图 3–2　选择需要上传的文档

步骤 03 单击"打开"按钮，即可上传所选文档，并显示在输入框的上方，如图 3-3 所示。

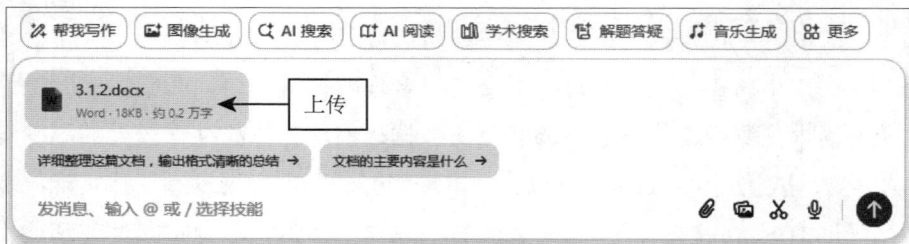

图 3–3　上传所选文档

步骤 04 输入相应指令，单击 ⬆ 按钮发送指令，要求豆包预测公司未来 3 年的人力资源需求，并给出相应的招聘计划建议，相关指令及回复内容如下。

指令

基于公司过去 3 年的人力资源需求数据、业务发展规划以及行业发展趋势，预测未来 3 年内公司在技术、市场和运营等岗位的员工需求量，并给出相应的招聘计划建议

豆包

根据公司过去 3 年的发展情况，对未来 3 年内公司在技术、市场和运营等岗位的员工需求量预测及招聘计划建议如下：

一、技术岗位

1. 员工需求量预测

- 人工智能算法专家：随着公司对人工智能技术在社交应用中应用的深入，如个性化推荐、智能客服等功能的不断优化，对人工智能算法专家的需求将持续增长。预计未来 3 年内，每年至少需要新增 3-5 名人工智能算法专家。

- 大数据处理工程师：为了更好地处理和分析海量的社交数据，以支持产品的精准推荐和业务决策，大数据处理工程师的需求也会保持稳定增长。预计未来每年需要新增 2-3 名大数据处理工程师。

- 前端开发工程师：虽然公司产品已初步成型，但随着业务多元化和用户体验要求的提高，如短视频创作与分享功能的持续优化，前端开发工程师仍有一定的需求。预计未来每年新增 2-3 名前端开发工程师，以确保产品前端界面的高效性和用户友好性。

- 后端架构师：公司业务的不断拓展和用户量的增加，对后端系统的稳定性、可扩展性和安全性提出了更高要求。后端架构师将负责系统架构的设计和优化，预计未来每年需新增 1-2 名后端架构师。

2. 招聘计划建议

......

3.1.3　用 AI 优化企业组织结构设计

优化企业组织结构是人力资源规划中的重要一环，它会直接影响公司内部资源的有效配置和部门间的协作效率。AI 在组织结构设计中能够通过数据分析帮助企业发现现有结构中的瓶颈和问题，自动化地提出优化方案。AI 可以结合企业的战略目标、组织文化、员工能力和市场变化生成符合企业需求的组织结

扫码观看教学视频

构图，确保组织结构灵活且高效。

例如，某跨国零售公司在业务多元化和全球化过程中，可以利用 AI 对其组织结构进行重新设计。AI 将通过分析不同地区和部门的业务需求，提出更加扁平化和灵活的组织架构，减少管理层级，提高业务响应速度。案例指令及回复内容如下。

指令

公司是一家跨国零售企业，已有 10000 名员工，业务遍布北美、欧洲和亚洲。公司目前面临市场多元化和全球化扩张，现有组织结构为四级管理架构，传统的业务模式已经难以支持公司快速发展的市场需求。目标是优化公司现有的组织结构，确保能够支持未来 3 年的业务增长，并提升跨区域协作效率。

请基于以上背景信息生成最优的组织结构设计方案，并包含以下内容：

1. 部门划分和岗位职责

2. 各部门的管理层级及其调整建议

3. 未来三年内的动态调整建议，确保组织结构灵活应对市场和战略变化

豆包

以下是一个跨国零售企业的组织结构优化设计方案示例：

《跨国零售企业组织结构优化设计方案》

一、部门划分和岗位职责

（一）总部职能部门

1. 战略规划与市场研究部：

- 职责：负责制定公司整体战略规划，研究全球市场趋势、竞争对手动态，为各区域市场提供战略指导和市场情报分析。开展前瞻性的市场调研项目，识别新的商业机会和潜在风险，协同各部门制定应对策略，确保公司战略的前瞻性与适应性。

- 岗位设置：设战略规划经理、市场研究分析师、行业趋势专家等岗位。

2. 财务与风险管理部：

- 职责：统筹全球财务规划、预算编制、财务报告与分析，管理公司资金流动、税务筹划及风险控制。制定财务政策与流程，监督各区域财务运作合规性，评估重大投资与项目财务可行性，运用金融工具对冲风险，保障公司财务稳健与可持续发展。

- 岗位设置：财务总监、财务经理、预算分析师、风险评估专员、内部审计师等岗位。

3. 人力资源管理部：

- 职责：规划全球人力资源战略，涵盖人才招聘、培训与发展、绩效管理、薪酬福利设计与管理、员工关系维护等全流程。建立国际化人才梯队，设计并推行全球统一与区域特色相结合的人力资源政策与体系，推动企业文化建设与跨文化管理，提升员工满意度与忠诚度，为公司业务扩张提供人力支持。

- 岗位设置：人力资源总监、招聘经理、培训与发展经理、绩效与薪酬经理、员工关系专员、国际人才顾问等岗位。

……

3.1.4　用 AI 评估人力资源供需平衡

人力资源供需平衡是企业人力资源管理中的核心问题之一，合理的员工配置能够提升企业运作效率并降低人力资源浪费。AI 通过对市场趋势、企业历史数据和业务需求进行分析，能够精准预测未来员工需求，评估现有员工是否与公司发展方向匹配，从而提供优化建议。通过 AI 的帮助，企业可以提前做好人才储备或裁员调整等人力资源管理决策。

扫码观看教学视频

例如，某中型制造企业在扩张过程中面临技术工人短缺。AI 可以通过对现有员工技能和生产需求的分析，预测出未来两年内技术岗位的供需差距，并为企业提供具体的招聘和培训建议。案例指令及回复内容如下。

指令

一家中型制造企业，员工约 500 人，正在进行生产线扩展，面临技术工人短缺的问题。请基于公司现有员工数据、岗位需求、市场趋势等，评估未来两年技术工人的供需差异，并提供招聘与培训建议

豆包

一、技术工人供需差异评估

（一）需求分析

1. 生产线扩展计划

- 首先，根据生产线扩展计划确定所需的技术工人岗位。假设生产线扩展后，需要新增设备操作技术工人 30 名，设备维护技术工人 10 名，质量检测技术工人 20 名，共计 60 名技术工人。这些岗位需求是基于新设备的操作复杂性、维护要

求以及质量控制的严格程度估算的。

- 对于设备操作技术工人，新设备可能采用了更先进的自动化技术，需要工人能够熟练操作自动化控制系统。例如，新的数控机床操作需要工人掌握数控编程和复杂的加工工艺。

- 设备维护技术工人则要应对新设备的维护任务，如新型传感器、自动化传动系统的维护，要求他们具备电气和机械维修技能，能够快速诊断和解决设备故障。

- 质量检测技术工人需要熟悉新的质量检测标准和先进的检测设备，像高精度的三坐标测量仪，对产品尺寸精度等质量指标进行精确检测。

2. 岗位替换需求

- 考虑现有技术工人的离职情况，通过分析过去几年的离职率来预估未来两年的离职人数。假设过去几年技术工人的平均离职率为 10%，目前有技术工人 200 名，则未来两年可能因离职而产生的岗位空缺为 200×10%×2=40 名。离职原因可能包括更好的职业发展机会、薪资待遇等因素。

……

📖 3.1.5 用 AI 制定人力资源预算

人力资源预算是企业年度财务规划的关键部分，涉及薪酬、招聘、培训、员工福利及激励等多项支出。AI 不仅能帮助企业制定初步预算，还能基于市场薪酬水平、员工流动情况和公司业务目标，动态调整预算，确保其合理性、灵活性与可操作性。

扫码观看教学视频

例如，某零售企业发现，随着招聘和薪酬开支的增加，企业财务压力不断加大，盈利能力受到影响。AI 分析后发现，企业在薪酬设置上存在过高的成本支出，招聘费用也偏高，且员工流动率较高。企业希望通过 AI 优化 2025 年度预算，调整薪酬结构，减少招聘外包成本，并提升员工的留任率。通过 AI 分析，企业能够制定更具成本效益的人力资源预算方案。案例指令及回复内容如下。

🗨 指令

为一家年收入 1 亿元人民币、现有员工 200 人的中型零售公司生成 2025 年度人力资源预算，控制人力成本，并优化薪酬和福利结构，减少外包招聘费用，提升员工保留率

👤 **豆包**

　　以下是一份详细的预算假设数据及对应的预算明细，你可以根据实际情况进行修改和完善。

　　《[零售公司名称]2025 年度人力资源预算》

　　一、预算目标

　　在控制人力成本的基础上，优化薪酬福利结构，降低外包招聘费用，同时提升员工保留率，以支持公司业务持续稳定发展，实现年度收入增长目标。

　　二、预算假设

　　1. 预计 2025 年公司业务增长 15%，将根据业务发展需求适度增加人员配置，但总体员工人数增长率控制在 10% 以内。即预计新增员工约 20 人，2025 年年底员工总数达 220 人。

　　2. 基于市场薪酬调研数据及公司内部薪酬策略调整，预计 2025 年平均薪酬涨幅为 8%。

　　3. 员工福利项目优化后，预计福利成本占总薪酬的比例调整为 25%。

　　4. 通过内部推荐、优化招聘渠道等方式，将外包招聘费用占招聘总成本的比例降低至 20% 以下。

　　三、预算明细

　　（一）人员成本

　　1. 基本工资：

　　- 现有员工 200 人，按照 2024 年平均基本工资 5000 元 / 月计算，全年基本工资支出约为：$200 \times 5000 \times 12 = 12000000$ 元。

　　- 考虑到 2025 年平均薪酬涨幅 8%，预计新增基本工资支出约为：$12000000 \times 8\% = 960000$ 元。

　　- 新招聘员工预计 20 人，假设新员工平均基本工资为 5500 元 / 月（考虑新岗位需求及市场行情略高于老员工平均工资），全年新增人员基本工资支出约为：$20 \times 5500 \times 12 = 1320000$ 元。

　　- 基本工资总计约为：$12000000 + 960000 + 1320000 = 14280000$ 元。

　　……

3.1.6 用 AI 进行人才储备规划

　　人才储备规划是企业为了应对未来用人需求波动、人才流失和市

扫码观看教学视频

场变化而进行的战略性准备。通过 AI 技术，企业可以更精准地预测未来的人才需求，评估现有员工的能力和潜力，从而制订出更加科学和高效的人才储备计划。AI 不仅能帮助企业发现潜在的技能缺口，还能根据市场趋势、行业变化和公司发展目标提前做好人才招聘、培训和储备的工作。

例如，某初创科技公司计划在未来 3 年内扩展研发团队，开发新的智能硬件产品。公司目前有 50 名员工，主要集中在软件开发领域，但缺乏硬件工程师和数据科学家。现需 AI 帮助公司预测未来 3 年内所需的核心技能，并提供人才招聘、培训和储备的具体建议。案例指令及回复内容如下。

📱 指令

为一家初创科技公司生成人才储备规划，公司现有员工约 50 人，请分析该公司未来 3 年内硬件工程师、数据科学家等技术岗位的需求，预测技能缺口，并提供招聘与培训建议

👩 豆包

《[初创科技公司名称] 未来 3 年人才储备规划》

一、公司现状与业务发展规划概述

公司目前约有 50 名员工，正处于积极开拓市场与技术创新的初创关键期。业务核心聚焦于智能物联网设备开发与相关软件服务提供，产品涵盖智能家居终端、工业物联网传感器等领域。在未来 3 年，计划每年推出至少 2～3 款新型智能物联网设备，并逐步将市场覆盖范围从本地拓展至全国主要城市，进而寻求国际市场的突破。随着业务规模的持续扩大，对技术人才的需求将更为精准与多元。

二、技术岗位需求分析

（一）硬件工程师

1. 产品研发需求：鉴于每年 2-3 款新硬件产品的研发计划，且每个产品的研发周期平均约为 6～9 个月，考虑到多项目并行开发以及后续产品迭代维护的需求，预计第 1 年需新增硬件工程师 3～5 名，主要负责新产品的电路设计与原型开发；第 2 年随着产品线丰富及复杂度提升，再增加 5～7 名，侧重于硬件性能优化与兼容性测试；第 3 年因拓展国际市场对产品规格要求提高，预计新增 7～10 名，专注于硬件国际化标准适配与新技术集成，总共约需新增 15～22 名

硬件工程师。

2. 技术更新需求：随着物联网技术向低功耗、高速率、高集成度方向发展，如蓝牙 5.0 及以上版本应用、边缘计算芯片集成等新技术不断涌现，现有硬件工程师团队在这些前沿技术领域的实践经验相对不足，约 60% 的人员在相关新技术应用方面需要进一步提升，以确保产品在技术先进性上具有竞争力。

（二）数据科学家

……

3.2 人力资源规划执行与监控

本节将向大家介绍 AI 在人力资源规划执行与监控过程中的作用。人力资源规划的执行与监控至关重要，它不仅关系到企业是否能够按计划吸引、发展和留住人才，也会影响企业是否能够在激烈的市场竞争中保持优势。AI 在这一过程中能够帮助企业实时监控人才需求变化、员工绩效、市场薪资波动等，从而及时调整人力资源规划，确保企业目标的实现。

3.2.1 用 AI 生成人力资源规划报告

人力资源规划报告是对企业人力资源需求、配置、预算等各方面进行总结和分析的文档，它为企业决策提供了重要依据。AI 可以基于实时数据和历史数据自动生成规划报告，减少人工干预，提高报告的准确性和时效性。通过 AI 生成的报告，管理者可以快速了解人力资源规划的执行情况，发现潜在的问题，并及时做出调整。

扫码观看教学视频

例如，某初创企业需要定期生成人力资源规划报告，来评估员工绩效、招聘进度以及培训效果。AI 可以基于员工数据和企业需求，自动生成详细的规划报告。案例指令及回复内容如下。

指令

为一家现有员工 150 人的初创企业生成 2025 年度人力资源规划报告，报告内容包括以下具体数据：

1. 员工绩效评估：员工绩效评分（分数范围：1 ~ 5），例如 150 名员工的绩效评分分布：20 人得分 4，80 人得分 3，50 人得分 2。

2. 招聘进度：需招聘 30 人，当前已完成招聘 15 人，尚需招聘 15 人，招聘渠道效果为：社交媒体渠道招聘完成 10 人，人才网站招聘完成 5 人。

3. 培训效果：去年开展了 5 个培训项目，共计 150 名员工参加，员工满意度为 85%，技能提升达到 75%。

4. 员工流动率：过去一年内，共有 30 名员工离职，离职率为 20%。其中，销售部门离职率为 25%，技术部门离职率为 15%。

5. 预算执行情况：预算为 200 万元人民币，实际支出为 180 万元人民币，薪酬支出占比 70%，培训费用占比 15%，招聘费用占比 10%，其他支出占比 5%。

豆包

《［初创企业名称］2025 年度人力资源规划报告》

一、引言

本报告旨在对本初创企业 2024 年的人力资源状况进行全面总结，并基于现有数据制定 2025 年度的人力资源规划，以助力企业在发展过程中更好地进行人力资源管理，实现战略目标。

二、员工绩效评估

绩效评分分布：

得分 4 的员工有 20 人，占比约 13.3%（20÷150×100%）。

得分 3 的员工有 80 人，占比约 53.3%（80÷150×100%）。

得分 2 的员工有 50 人，占比约 33.3%（50÷150×100%）。

整体绩效分布呈现出以中等绩效（得分 3）为主，高分和低分相对较少的态势。

三、招聘进度

招聘需求与完成情况：

招聘需求总数设定为 30 人，截至目前已完成招聘 15 人，尚余 15 人待招聘。

……

3.2.2 用 AI 进行人才市场分析

人才市场分析是指对当前和未来的就业市场进行深入分析，以帮助企业制定招聘策略、薪酬政策及人才储备计划。AI 通过对市场招聘

扫码观看教学视频

需求、薪酬水平、行业发展趋势等多方面数据的整合分析，可以为企业提供准确的市场动态，帮助人力资源部门掌握行业脉动，确保企业在竞争激烈的人才市场占有一席之地。

例如，某IT技术公司计划在2025年扩展研发团队，特别是在人工智能、大数据、云计算等领域。然而，随着行业内对高级技术人才需求的持续增加，公司的招聘面临很大的挑战。AI可以分析2025年IT行业的就业趋势、技术岗位供需状况以及薪资变化，帮助HR做出正确的决策。案例指令及回复内容如下。

指令

为一家IT技术公司生成2025年度人才市场分析报告，报告内容应包括：行业技术岗位的招聘需求、薪酬水平对比、人才供给情况、招聘挑战与机会预测

豆包

2025年度IT技术公司人才市场分析报告

一、引言

随着信息技术的飞速发展，IT行业在全球经济中的地位日益凸显。本报告旨在对2025年度IT技术公司的人才市场进行深入分析，为企业制定合理的人才战略提供参考依据。

二、行业技术岗位招聘需求

（一）热门技术岗位

1. 人工智能工程师：随着人工智能技术在各个领域的广泛应用，如医疗、金融、制造业等，对人工智能工程师的需求持续增长。企业需要具备深度学习、机器学习、自然语言处理等专业知识的人才，以开发智能算法、模型和应用系统。

2. 数据分析师/数据科学家：数据已成为企业的重要资产，能够从海量数据中提取有价值的信息并进行分析预测的专业人才备受青睐。数据分析师需要熟练掌握数据挖掘、统计分析、数据可视化等技能，而数据科学家则更侧重于高级算法和模型的构建。

3. 云计算工程师：云计算技术的普及使得企业对云计算架构、部署和管理方面的专业人才需求大增。云计算工程师需要熟悉主流云计算平台（如AWS、Azure、阿里云等），具备云存储、云网络、容器化技术等方面的知识和经验。

……

3.2.3 用 AI 预测员工流失率

员工流失率的预测对企业尤其是技术密集型行业非常重要，尤其是在研发团队中，人员流失可能会导致项目延误和知识流失。AI 可以利用历史数据，包括员工绩效、岗位变动、薪资变化、工作满意度等，结合行业趋势和经济环境，预测未来的员工流失风险。预测结果能够帮助企业提前识别高风险员工并采取措施，提高员工留存率，减少核心技术人才流失。

例如，某技术公司在过去两年内发现研发团队的员工流失率较高，尤其是在核心技术岗位（如高级软件工程师和技术经理）上，员工流失严重，影响了项目的顺利推进。公司决定通过 AI 分析历史流失率数据，预测 2025 年研发团队的流失风险，并生成相应的应对策略。案例指令及回复内容如下。

指令

某技术公司的研发团队现有员工为 30 人，2023 年研发团队流失率为 18%，2024 年研发团队流失率为 25%，公司在核心技术岗位（如高级软件工程师和技术经理）上，员工流失严重。针对研发团队的历史流失率数据，预测 2025 年的流失率，并给出应对建议

豆包

1. 流失率预测

从 2023 年到 2024 年，流失率呈现上升趋势，从 18% 增长到 25%，增长了 7 个百分点。如果按照这个趋势继续下去，假设 2025 年流失率继续上升，可能会达到 32% ~ 35%。不过这只是简单的线性推测，实际流失率还会受到多种因素的影响，如市场竞争情况、公司战略调整、团队管理改进等。

2. 应对建议

薪酬福利方面

进行薪酬调研：了解同行业、同地区、同岗位的薪酬水平，确保公司的薪酬具有竞争力。例如，可以参考专业的薪酬调研报告，或者与人力资源咨询公司合作，对核心技术岗位的薪酬进行定位调整，避免因为薪酬低于市场水平导致员工流失。

优化福利体系：除了法定福利外，增加一些有吸引力的福利项目。比如，为员工提供技术培训补贴，鼓励他们不断提升自己的技能；设立弹性工作福利，允

许员工在一定范围内自由安排工作时间，以平衡工作和生活。

……

3.2.4　用 AI 辅助制订继任计划

继任计划是企业人力资源管理中至关重要的一部分，尤其是对于关键岗位和高层管理人员的接班问题。有效的继任计划不仅能确保企业在领导层发生变化时的平稳过渡，还能在突发情况下及时找到合适的替代人选，避免影响企业运营。AI 可以辅助识别潜在接班人并制定发展路径，确保关键岗位的连续性。

例如，某公司面临着管理层老化的挑战，核心岗位的人员退休在即，公司决定使用 AI 辅助制订继任计划，以保证关键岗位的连续性。案例指令及回复内容如下。

指令

生成一家 500 人规模的公司核心岗位的继任计划，包括培养周期和所需培训项目

豆包

以下是一个 500 人规模的公司核心岗位的继任计划示例，你可根据实际情况进行调整和完善。

《[公司名称]核心岗位继任计划》

一、核心岗位梳理

1. 总经理岗位：负责公司整体战略规划、运营管理与决策制定，对公司业绩和发展方向负总责。

2. 市场营销总监岗位：领导市场调研、品牌推广、销售策略制定等市场营销工作，确保公司产品或服务在市场中具有竞争力并实现销售目标。

3. 技术研发总监岗位：主导公司产品或技术的研发方向，管理研发团队，推动技术创新与产品升级，保障公司在技术领域的领先地位。

4. 财务总监岗位：全面负责公司财务规划、预算管理、资金运作、财务分析与风险控制等工作，为公司经营决策提供财务支持与保障。

二、各核心岗位继任计划详情

（一）总经理岗位

……

3.2.5 用 AI 进行人力资源成本控制

扫码观看教学视频

人力资源成本是企业运营中一项重要支出，包括招聘、薪酬、福利、培训和员工激励等各方面的费用，如果控制不当，可能会直接影响企业的财务健康。AI 能够通过数据分析和预测，帮助企业识别潜在的成本浪费点，并制定优化策略。

例如，某中型制造企业发现，近两年因频繁招聘和员工流动率过高，导致人力资源成本显著上升，为了优化 2025 年度的支出，公司决定使用 AI 工具进行人力资源成本控制。案例指令及回复内容如下。

指令

某中型制造企业近两年因频繁招聘和高员工流动率，导致人力资源成本显著上升。请为该企业提供 2025 年人力资源成本控制建议，包括优化薪酬结构、招聘成本、流失成本、培训成本、福利和提高绩效的方式等

豆包

以下是为该中型制造企业 2025 年人力资源成本控制提出的建议：

一、优化薪酬结构

1. 进行岗位评估与薪酬调查

- 详细梳理企业内各个岗位的职责、工作内容、技能要求等。通过外部薪酬调查机构或参考同行业企业的薪酬数据，确定每个岗位在市场中的合理薪酬范围。这可以确保企业的薪酬水平具有外部竞争力，避免因薪酬过低导致员工流失，同时也防止过高的薪酬支出。

- 例如，对于企业的技术工人岗位，调查发现同地区同行业类似岗位的平均月薪为 6000 ～ 7000 元，而本企业目前该岗位平均月薪为 5500 元，就需要考虑适当调整薪酬水平。

2. 建立宽带薪酬体系

......

本章小结

本章首先介绍了 AI 在优化人力资源规划中的应用，包括制定人力资源策略和预

算等；然后，探讨了 AI 在执行和监控人力资源规划方面的作用，例如生成报告和预测流失率以及如何利用 AI 进行继任计划和成本控制等。学完本章，大家可以更深入地理解 AI 技术如何助力人力资源规划的各个阶段。

课后实训

鉴于本章知识的重要性，为了帮助大家更好地掌握本章所学内容，本节将通过一个实训案例进行知识回顾和补充。

实训任务：使用豆包预测外部环境变化对人力资源规划的影响。相关指令及回复内容如下。

扫码观看教学视频

指令

针对一家 50 人规模的新媒体传媒公司，分析 2025 年宏观经济环境、行业趋势及政策变动对人力资源需求的影响，并提供调整建议

豆包

以下是对一家 50 人规模的新媒体传媒公司 2025 年宏观经济环境、行业趋势及政策变动对人力资源需求的影响分析及调整建议：

宏观经济环境对人力资源需求的影响

经济增长动力转变：2025 年海外景气回落，外需对经济增长的拉动作用减弱，国内将更加注重内需的提振。这可能使新媒体传媒公司的业务重点更多地转向国内市场，需要更多了解国内消费者需求、擅长本地化内容创作和运营的人才，以满足国内市场对优质文化内容的需求，促进消费增长。

消费市场变化：收入增长放缓和疫后消费倾向的变化，使得消费者对内容的消费更加谨慎和挑剔。公司需要能够精准把握消费者心理、创造有吸引力内容的专业人才，如资深的文案策划、创意编导等，以提高内容的质量和吸引力，从而在竞争激烈的市场中吸引消费者的关注和留存。

投资与产业发展：新兴行业继续优化产能，制造业投资虽可能小幅放缓但仍有发展空间，基建投资小幅提速，这为新媒体传媒公司带来了与相关产业合作的机会。

……

第 **4** 章　AI 革新招聘与配置

学习提示

　　本章将介绍如何借助 AI 工具，例如 Kimi，在招聘、人才识别与配置中进行创新。通过具体的实践案例，展示 AI 如何在招聘流程的各个环节中提供支持，从而提升效率和质量，优化人力资源配置，助力企业实现智能化管理。

本章重点导航

- ⊙ 招聘流程智能化
- ⊙ 识别高潜人才
- ⊙ 人才配置与优化

4.1 招聘流程智能化

在数字化时代，招聘流程的智能化已经成为提升效率、优化决策的核心手段。借助 AI 技术，尤其是 Kimi，企业能够在招聘的各个环节实现智能化管理。AI 不仅能够自动化处理烦琐的任务，还能提供精准的数据分析和推荐，帮助企业更快、更有效地找到最合适的候选人。本节将介绍如何利用 Kimi 使招聘流程智能化。

4.1.1 用 AI 生成招聘广告

招聘广告是吸引优秀人才的关键环节。Kimi 可以根据岗位需求、候选人画像、公司文化等信息自动生成精准的招聘广告，并实时优化广告内容，确保最大化吸引目标候选人。

扫码观看教学视频

例如，某科技公司需要招聘一名高级 Java 开发工程师，Kimi 会自动生成符合要求的招聘广告，并根据职位特性优化语言风格。

用户可以进入 Kimi 官网并登录账号，在输入框中输入指令，单击 ▶ 按钮发送指令，指导 AI 生成招聘广告。案例指令及回复内容如下。

指令

生成招聘广告。职位：[高级 Java 开发工程师]，公司：[TL 科技公司]，要求：[5 年以上 Java 开发经验，熟悉 Spring 框架，能独立完成项目开发]，薪资待遇：[15k ～ 25k/ 月]，公司文化：[创新、协作、开放]，工作地点：[北京]

Kimi

TL 科技公司招聘启事

职位：高级 Java 开发工程师

公司简介：TL 科技公司，一家位于北京的创新型企业，致力于通过技术革新推动行业发展。我们拥有一支充满激情和创造力的团队，专注于提供卓越的软件解决方案。

职位要求：

1. 5 年以上 Java 开发经验，具备扎实的编程基础和良好的编程习惯。

2. 熟悉 Spring 框架，包括但不限于 Spring Boot、Spring MVC、Spring Cloud 等。

3. 能够独立完成项目开发，从需求分析到代码实现，再到系统部署和维护。

4. 具备良好的团队合作精神，能够在快节奏的工作环境中有效沟通和协作。

5. 对新技术有强烈的学习兴趣和自我驱动力，能够快速适应和掌握新技术。

薪资待遇：

1. 月薪 15k — 25k，具体薪资根据个人能力和经验面议。

2. 我们提供有竞争力的薪酬体系，包括但不限于基本工资、绩效奖金、年终奖等。

……

4.1.2　用 AI 进行简历筛选

扫码观看教学视频

在招聘中，简历筛选是一个烦琐且关键的环节。AI 可以根据岗位需求、技能要求、经验背景等条件，自动筛选并评估候选人简历。

例如，招聘一个图书编辑岗位时，Kimi 会根据编辑经验、出版经历、文字编辑能力等筛选合适的候选人。

用户可以在 Kimi 输入框中上传候选人的简历，并输入筛选简历的指令，单击 ▷ 按钮发送指令，指导 AI 进行简历筛选，具体操作如下。

步骤 01　在 Kimi 输入框的右侧，单击 ◍ 按钮，如图 4-1 所示。

图 4–1　单击相应按钮

步骤 02　弹出"打开"对话框，选择需要上传的简历，如图 4-2 所示。

步骤 03　单击"打开"按钮，即可上传所选简历，并显示在输入框的下方，如图 4-3 所示。

步骤 04　输入相应的指令，单击 ▷ 按钮发送指令，指导 Kimi 按招聘要求筛选简历，找出合适的候选人。相关指令及回复内容如下。

图 4–2　选择需要上传的简历

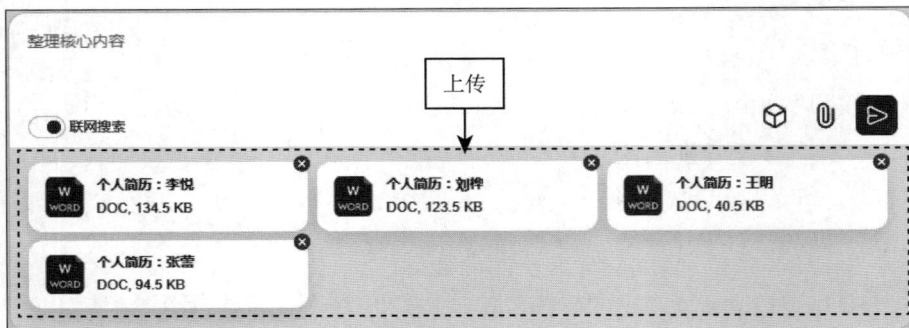

图 4–3　上传所选简历

指令

筛选简历，找出合适的候选人。

职位：图书编辑

要求：本科及以上学历，文学、新闻、出版相关专业优先，至少 3 年出版行业经验，精通文字编辑，熟悉出版流程，能够独立完成图书编辑、排版、校对，熟练使用 Office 办公软件

Kimi

根据您提供的职位要求和 4 份简历的内容，我们可以逐一分析每个候选人的情况：

李悦

学历：本科（汉语言文学）

专业：符合要求（汉语言文学）

工作经验：

编辑助理（2020—2021）：处理稿件 500 余篇，初审通过率达 80%，经校对后的稿件错误率低于 0.5%。

内容编辑（2021—至今）：独立负责多平台内容运营，创作并发布原创文章 200 余篇。

技能：

熟练运用 Office 办公软件；掌握 Photoshop 与 Premiere；英语读写能力强。

出版行业经验：至少 3 年（2020—2021 年编辑助理，2021 至今内容编辑）。

符合要求：是，符合所有条件。

……

综上所述，李悦是唯一符合所有要求的候选人。她拥有本科学历，专业对口，至少 3 年的出版行业经验，精通文字编辑，熟悉出版流程，并且能够独立完成图书编辑、排版、校对工作，同时熟练使用 Office 办公软件。因此，李悦是这个图书编辑职位最合适的候选人。

4.1.3 用 AI 评估人岗匹配度

AI 评估人岗匹配度的核心是将候选人的背景（如学历、经验、技能等）与岗位要求进行对比，并根据特定的匹配算法，得出一个综合的匹配度评分。这一过程能够为招聘人员提供更加客观的数据支持，帮助其在招聘过程中做出更加精准的决策。

扫码观看教学视频

以上一例中 4 位候选人的简历为例，可以让 Kimi 评估他们的人岗匹配度，以便招聘人员在放宽招聘条件时，可以从中选优，邀请匹配度高的候选人进行面试。

用户可以接上一例进行操作，在同一个会话中继续发送指令，指导 AI 根据前面已经上传的简历评估人岗匹配度。案例指令及回复内容如下。

指令

请用百分制，评估这 4 位候选人的人岗匹配度

Kimi

基于您提供的职位要求和四位候选人的简历信息，我们可以对每位候选人的人岗匹配度进行百分制评估：

1. 李悦

学历：本科（100%）

专业：汉语言文学（100%）

工作经验：3 年以上相关工作经验（100%）

技能：精通文字编辑，熟悉出版流程，熟练使用 Office 办公软件（100%）

总分：100%

2. 刘桦

学历：本科（50%）

专业：艺术设计（0%）

工作经验：有编辑助理经验（50%）

技能：未提及是否熟练使用 Office 办公软件（0%）

总分：25%

……

根据上述评估，每位候选人的人岗匹配度如下：

· 李悦：100%

· 刘桦：25%

· 王明：10%

· 张蕾：83.33%

这些评分是基于您提供的职位要求和简历信息进行的简化评估，实际评估可能需要更详细的信息和面试过程。

4.1.4 用 AI 安排面试日程

在招聘流程中，安排面试日程通常需要协调多个部门和候选人的时间。通过 AI 的辅助，面试日程安排可以实现自动化，并且根据各方的时间安排和优先级进行优化，从而避免冲突，提高招聘效率。

扫码观看教学视频

例如，某公司正在招聘销售经理岗位，需要 AI 根据各方的时间偏好和空当安排面试日程。案例指令及回复内容如下。

📇 指令

安排面试日程。岗位：［销售经理］，候选人：［张伟，李娜，陈军］，面试官：［王总，李主任，赵经理］，候选人时间偏好：［张伟可以在 2 月 12 日上午和

2月13日下午面试，李娜可以在 2 月 12 日下午和 2 月 14 日上午面试，陈军可以在 2 月 11 日下午和 2 月 15 日下午面试］，面试官时间空当：［王总在 2 月 12 日下午和 2 月 14 日上午有空，李主任在 2 月 12 日上午和 2 月 15 日下午有空，赵经理在 2 月 1 日上午和 2 月 15 日下午有空］，日期范围：［2 月 11 日至 2 月 15 日］，优先面试时间：［2 月 11 日下午］

K Kimi

根据提供的信息，我们需要为三位候选人张伟、李娜和陈军安排面试，同时考虑到他们和面试官的时间偏好。以下是面试日程的安排：

……

优先面试时间：2 月 11 日下午已安排陈军面试，符合优先面试时间的要求。

1. 张伟：首选 2 月 12 日上午，由李主任面试；备选 2 月 13 日下午，由王总面试。

2. 李娜：首选 2 月 12 日下午，但无面试官空闲，因此安排在 2 月 14 日上午，由王总面试；备选 2 月 15 日下午，由李主任面试。

3. 陈军：首选 2 月 11 日下午，由赵经理面试；备选 2 月 15 日下午，由李主任面试。

请根据实际情况调整面试时间，并提前通知所有相关人员。如果有任何变动或需要进一步协调，请随时联系。

4.1.5　用 AI 生成面试问题

面试问题的设计对于招聘过程至关重要。面试问题不仅要考察候选人的基本能力，还要深入了解其工作经历、解决问题的能力和团队合作精神等。AI 可以根据岗位要求和候选人简历自动生成针对性的面试问题，帮助面试官更有针对性地评估候选人的综合素质。

扫码观看教学视频

例如，某公司正在招聘一名产品经理，Kimi 可以根据候选人张玲的简历摘要以及岗位要求生成面试问题。案例指令及回复内容如下。

指令

生成面试问题。岗位：［产品经理］，候选人：［张玲，曾在一家互联网公司担任产品经理，负责多个移动应用的产品规划和迭代，主导了公司旗下 App 的版本更新，并且通过用户数据分析推动了产品改进，成功提高了用户留存率］，岗位要求：［3 年以上产品经理经验，有较强的市场调研能力和用户需求分析能力，能够独立制定产品路线图并跟踪执行，跨部门沟通协调能力强，能够推动项目顺利进行］，关注点：［市场调研，产品规划，团队合作，问题解决］

Ⓚ Kimi

以下是针对张玲的面试问题，这些问题将帮助您评估她是否符合岗位要求，并关注市场调研、产品规划、团队合作和问题解决等关键能力：

1. 市场调研能力

- 您在前公司是如何进行市场调研的？能否分享一次具体的案例？

- 您如何确定市场调研中的关键指标？这些指标如何影响您的产品决策？

- 面对市场变化，您如何快速调整产品策略以适应市场需求？

2. 用户需求分析能力

- 您如何收集和分析用户需求？能否举例说明您是如何根据用户反馈改进产品的？

……

通过这些问题，您可以更深入地了解张玲的专业技能、工作经验和个人特质，以判断她是否适合该产品经理的岗位。

📖 4.1.6 用 AI 生成面试技巧

扫码观看教学视频

不同形式的面试（线上、线下、电话、视频等）需要采用不同的面试技巧和准备策略。AI 能够根据面试的形式自动生成面试技巧，帮助面试官在不同的环境下更好地评估候选人，从而提高面试的效率和效果。无论是面对面的面试，还是远程视频面试，AI 都可以提供个性化的建议和应对策略。

例如，某公司正在招聘销售经理，面试形式包括线上、线下和视频面试，需要 Kimi 为面试官生成相应的面试技巧。案例指令及回复内容如下。

💬 指令

根据不同的面试形式和不同岗位，为面试官生成面试技巧。岗位：［销售经理］，面试形式：［线上、线下、视频］，面试目标：［评估销售能力，团队管理，沟通技巧，问题解决能力］，环境要求：［面试官专注，技术准备，非语言观察］

Kimi

针对销售经理这一岗位，以及线上、线下、视频等不同的面试形式，以下是一些面试技巧，旨在评估候选人的销售能力、团队管理、沟通技巧和问题解决能力：

一、面试前的准备

1. 技术准备

- 线上面试：确保视频会议软件运行正常，测试声音和视频质量，准备好备用方案以防技术问题。

- 线下面试：安排合适的面试地点，确保环境安静、舒适，有利于面对面交流。

- 视频面试：与线上面试类似，但更注重视频质量，因为非语言交流在视频面试中尤为重要。

2. 面试官专注

- 准备面试问题，确保每个问题都与岗位要求相关。

- 了解候选人的简历，准备针对性的问题。

- 保持专注，避免分心，确保面试过程中能够准确捕捉候选人的非语言信号。

……

4.1.7　用 AI 生成录用通知

录用通知是招聘过程中最后一个重要环节，决定了候选人是否正式成为公司的成员。AI 能够根据岗位要求、候选人的个人信息和招聘流程，自动生成专业且个性化的录用通知。这不仅能够提高 HR 的工作效率，还能确保通知内容的准确性和一致性。AI 生成的通知可以根据公司文化、岗位要求以及候选人的面试表现进行灵活的调整。

扫码观看教学视频

例如，用 Kimi 为软件工程师岗位生成录用通知。案例指令及回复内容如下。

指令

生成录用通知。岗位：[软件工程师]，候选人：[李伟，王小梅]，岗位要求：[软件开发，团队协作，问题解决]，面试表现：[优秀，符合岗位要求]，公司文化：[正式，亲切]，入职要求：[薪资，试用期，入职日期]

🅚 Kimi

当然，以下是一份根据您提供信息定制的录用通知书模板：

[公司名称]

[公司地址]

[城市，州，邮编]

[电话]

[电子邮件]

[网站]

[日期]

李伟/王小梅[候选人地址]

[城市，州，邮编]

尊敬的李伟/王小梅：

我们很高兴地通知您，经过综合评估您的专业技能、面试表现以及对公司文化的适应性，您已被正式录用为[公司名称]的软件工程师。我们相信您的软件开发能力、团队协作精神和问题解决技巧将为我们的团队带来巨大的价值。

以下是您的录用详情：

……

📖 4.1.8 用 AI 拒绝不合格人员

在招聘过程中，虽然候选人可能在某些方面具备潜力，但如果最终未能通过面试或未达到岗位要求，发出拒绝通知是必需的一步。AI可以帮助 HR 生成专业且富有同理心的拒绝通知，既确保候选人理解决定，又能维护公司形象，避免因拒绝通知不当而引发负面情绪或影响未来的候选人关系。

扫码观看教学视频

通过 Kimi，HR 能够快速生成个性化的拒绝通知，确保通知内容既简洁明了，又具有人文关怀。案例指令及回复内容如下。

💬 指令

生成拒绝通知。岗位：[市场营销经理]，候选人：[陈雷]，面试表现：[未达到岗位要求]，拒绝原因：[经验不足，缺乏市场分析能力]，公司文化：[温暖，尊重]

Kimi

尊敬的陈雷先生：

您好！

首先，我们对您对［公司名称］市场营销经理职位的兴趣表示衷心的感谢。我们很高兴您能参与我们的招聘流程，并与我们分享您的职业经历和见解。

经过仔细的评估和讨论，我们遗憾地通知您，您未能被选为该职位的候选人。我们认为您的经验和技能在某些方面未能完全符合我们当前对市场营销经理职位的要求，特别是在市场分析能力方面。

请理解，这个决定并非轻率做出，而是基于对所有候选人的综合评估。我们相信，每位候选人都有其独特的优势和潜力，但在这次招聘中，我们寻找的是一位能够立即对市场动态有深刻理解和分析能力的专业人士。

我们［公司名称］珍视每一位候选人的参与，并希望您不要因为这次的结果而气馁。我们鼓励您继续发展您的职业技能，并在未来有机会时再次考虑我们公司。

我们承诺，您在面试过程中的表现将被保密。我们希望您能理解，尽管我们无法提供这个职位，但我们依然对您的未来职业发展抱有最美好的祝愿。

再次感谢您对［公司名称］的关注，我们希望在未来有机会与您合作。

此致

敬礼，

［您的名字］

［您的职位］

［公司名称］

4.1.9　用 AI 评估招聘成本

招聘成本是企业在招聘过程中投入的各类资源和费用的总和，包括广告费用、招聘工具费用、面试成本、HR 的时间成本等。AI 可以帮助企业精确估算招聘成本，优化招聘预算，提升招聘效率。AI 能够提供详细的成本预测和优化建议，帮助 HR 部门制定更加合理的招聘策略。

例如，某公司计划招聘市场营销经理岗位，需要 Kimi 帮助 HR 部门评估招聘成本。案例指令及回复内容如下。

扫码观看教学视频

指令

> 评估招聘成本。岗位：[市场营销经理]，招聘渠道：[社交媒体招聘，招聘网站，猎头]，招聘周期：[2个月]，候选人面试次数：[100次]，招聘预算：[50000元]，广告费用：[20000元]，HR 时间成本：[3000元]

Kimi

招聘成本的评估通常包括直接成本和间接成本。直接成本包括广告费用、招聘网站费用、猎头费用等，间接成本包括 HR 的时间成本、面试成本等。以下是对您提供的岗位"市场营销经理"招聘成本的评估：

1. 直接成本：

- 广告费用：20000元

- 招聘网站费用：假设招聘网站费用为 X 元

- 猎头费用：假设猎头费用为 Y 元

2. 间接成本：

- HR 时间成本：3000元

- 面试成本：假设每次面试的成本为 Z 元，则100次面试的总成本为100Z元

3. 总预算：50000元

现在，我们可以计算直接成本和间接成本的总和，并与预算进行比较：

……

4.2 识别高潜人才

识别高潜人才是企业持续发展的关键。通过 AI 技术，企业可以更加精准地评估候选人的潜力，并为其提供发展机会。本节将向大家介绍使用 Kimi 识别高潜人才的几个方法。

4.2.1 用 AI 描绘人才画像

人才画像是根据候选人的个人特征、能力、经验和潜力等多个维度，为招聘或人才管理制定的综合描述。通过分析历史数据、简历信

扫码观看教学视频

息、面试评估、工作表现等内容，Kimi 可以快速、准确地绘制出候选人的全貌，帮助 HR 精确地匹配岗位需求和团队文化。

例如，某公司需要招聘一名数据分析师，候选人张华拥有 5 年的数据分析经验，熟练使用 Python 和 SQL 进行数据分析，并且在面试中展现出强大的问题解决能力，需要 Kimi 根据其简历、面试表现、经验等信息，为张华生成人才画像。案例指令及回复内容如下。

指令

根据提供的信息，生成人才画像。岗位：[数据分析师]，候选人：[张华]，工作经验：[5 年]，技能：[Python，SQL，数据可视化]，面试表现：[技术能力强，沟通流畅，问题解决能力突出]，性格特征：[细致，分析型]，职业能力：[数据挖掘，报告生成，跨部门协作]

Kimi

根据您提供的信息，以下是针对岗位"数据分析师"的候选人张华的人才画像：

基本信息：

- 姓名：张华

- 工作经验：5 年

- 岗位：数据分析师

技能与能力：

- 编程语言：精通 Python 和 SQL，能够高效地进行数据处理和分析。

- 数据可视化：能够使用相关工具和软件进行数据可视化，使数据结果更直观易懂。

- 技术能力：在面试中表现出强大的技术能力，能够熟练运用数据分析工具和方法。

- 沟通能力：沟通流畅，能够有效地与团队成员和跨部门沟通协作。

……

4.2.2 用 AI 生成心理问卷调查表

心理问卷调查表是用来评估候选人个性特征、情绪反应、压力承

扫码观看教学视频

受能力等心理素质的重要工具。AI 可以自动生成个性化的心理问卷，并根据候选人的回答自动分析其心理特征，帮助 HR 更好地了解候选人的适应能力、情绪管理能力和团队合作能力等，从而为岗位匹配和长期人才发展提供更科学的依据。

例如，某公司正在招聘一名销售经理，需要 Kimi 为候选人李娜生成一份心理问卷调查表，旨在评估她的情绪调节能力、压力承受能力及团队合作能力。案例指令及回复内容如下。

🗨 **指令**

生成心理问卷调查表。岗位：[销售经理]，候选人：[李娜]，评估内容：[个性特征，情绪管理，团队协作，压力承受]，问题：[压力反应，情绪调节，角色偏好，冲突解决]

Ⓚ **Kimi**

以下是一份针对销售经理岗位的候选人李娜的心理问卷，旨在评估其个性特征、情绪管理、团队协作和压力承受能力。问卷包含4个部分，分别对应压力反应、情绪调节、角色偏好和冲突解决。

销售经理岗位心理评估问卷

候选人：李娜

评估内容：个性特征，情绪管理，团队协作，压力承受

一、压力反应

1. 当面临紧急且重要的销售任务时，您通常如何反应？

A. 保持冷静，迅速制订计划

B. 感到焦虑，需要时间调整

C. 立即行动，但可能缺乏计划性

D. 寻求他人帮助，共同应对

2. 您如何评估自己在高压环境下的决策能力？

……

📖 4.2.3 用 AI 生成职业性格测试题

不同的职业对性格的要求不同，比如销售岗位通常要求性格外向、沟通能力强，而技术岗位则可能更看重细致、专注的性格。通过

扫码观看教学视频

AI 生成的职业性格测试题，HR 能够更加高效、精准地评估候选人的性格特征，并根据其特征选择更适合的岗位。

例如，某公司正在招聘一名产品经理，需要 Kimi 根据岗位要求生成职业性格测试题目，旨在评估候选人张伟在创新思维、沟通能力、领导力和决策力方面的性格特征。案例指令及回复内容如下。

指令

生成职业性格测试题。岗位：[产品经理]，候选人：[张伟]，评估内容：[创新思维，沟通方式，决策风格，团队协作角色]，问题：[解决问题的方式，沟通风格，决策分析，团队管理]

Kimi

职业性格测试报告

候选人姓名：张伟

岗位：产品经理

评估内容：创新思维，沟通方式，决策风格，团队协作角色

测试问题：解决问题的方式，沟通风格，决策分析，团队管理

1. 创新思维

问题：在面对一个新项目时，你如何确定其创新点？

评估指标：

- 开放性：是否愿意接受新想法和不同观点。

- 创造力：能否提出独特且实用的解决方案。

- 风险承担：在面对不确定性时，是否愿意尝试新方法。

张伟的评估结果：

张伟表现出较高的开放性，愿意接受并考虑不同的观点和想法。在创新方面，他能够提出一些独特且实用的解决方案，显示出良好的创造力。同时，他在面对不确定性时，表现出适度的风险承担能力，愿意尝试新方法以推动项目进展。

……

4.2.4 用 AI 设计能力测评方案

能力测评是帮助 HR 识别候选人是否具备完成特定岗位工作所需能力的关键工具。AI 不仅可以根据岗位要求设计测评内容，还可以分析候选人的回答，从多个维度评估其综合能力，为招聘决策提供强有力的数据支持。

扫码观看教学视频

例如，某公司正在招聘一名数据分析师，需要 Kimi 为候选人王磊设计一份能力测评方案，评估其在数据处理、统计分析、数据可视化和问题解决能力方面的综合能力。案例指令及回复内容如下。

指令

生成能力测评方案。岗位：［数据分析师］，候选人：［王磊］，评估内容：［数据处理能力，统计分析能力，数据可视化能力，问题解决能力］，测评题目：［数据清洗，统计分析，数据可视化，问题分析与解决］

Kimi

为了对候选人王磊进行数据分析师岗位的能力测评，我们可以设计以下测评方法，涵盖数据处理能力、统计分析能力、数据可视化能力和问题解决能力 4 个方面：

1. 数据处理能力测评

测评题目：数据清洗

测评内容：

- 提供一份包含缺失值、异常值、重复记录等数据质量问题的数据集。

- 要求候选人使用数据处理工具（如 Excel、Python 的 Pandas 库等）进行数据清洗，包括但不限于：

- 识别并处理缺失值（填充、删除等）。

- 识别并处理异常值（删除、替换等）。

- 识别并删除重复记录。

- 数据格式标准化（如日期格式统一）。

- 数据类型转换（如将文本型数字转换为数值型）。

测评方法：

......

4.2.5　用 AI 分析工作经历

扫码观看教学视频

工作经历是评估候选人职业能力和适应岗位要求的重要依据。通过分析候选人的工作经历，AI 能够识别出其在过去工作中所积累的技能、经验及表现，进而评估其是否适合当前招聘岗位。

例如，某公司正在招聘一名市场营销经理，候选人李娜拥有 3 年的市场营销经验，并在多个跨部门合作项目中担任关键角色，需要 Kimi 分析她的工作经历，并评估其是否符合市场营销经理岗位的要求。案例指令及回复内容如下。

指令

分析工作经历。岗位：[市场营销经理]，候选人：[李娜]，工作经历：[3 年市场营销经验，负责品牌策划与管理，跨部门合作经验，熟悉数字营销工具与数据分析]，评估内容：[营销经验，跨部门合作能力，品牌策划与管理能力，数据分析能力]

Kimi

根据提供的候选人李娜的工作经历和评估内容，我们可以从以下几个方面进行分析：

1. 营销经验：

- 李娜拥有 3 年的市场营销经验，这表明她对市场营销的理论和实践有一定的了解和掌握。在这段时间内，她可能参与过多种营销活动，包括市场调研、产品推广、广告投放和客户关系管理等。

2. 跨部门合作能力：

- 李娜具有跨部门合作的经验，这对于市场营销经理来说是重要的能力。市场营销往往需要与产品开发、销售、客户服务等多个部门协作，以确保营销策略的顺利实施和效果最大化。她的这一能力表明她能够有效沟通和协调不同团队的工作，推动项目进展。

……

4.2.6　用 AI 进行背景调查

扫码观看教学视频

背景调查是招聘过程中的重要环节，旨在验证候选人提供的个人信息、工作经历、教育背景等内容的真实性，并深入了解候选人的行为模式、职业道德以及潜在风险。传统背景调查通常依赖于人工查证和电话咨询，但随着 AI 技术的发展，背景调查可以通过自动化的方式进行，AI 不仅能够快速准确地核实候选人信息，还可以通过大数据分析提供更多关于候选人的洞察，帮助企业避免雇用不合适的人选。

例如，某公司正在招聘一名软件工程师，候选人张伟提供了其在知名 IT 公司工作过 3 年的经历，并且获知其毕业于某大学计算机专业。需要 Kimi 进行背景调查，通过核实张伟的工作经历、教育背景和开源项目贡献情况，评估其背景的真实性和相关性。案例指令及回复内容如下。

指令

进行背景调查。岗位：[软件工程师]，候选人：[张伟]，背景信息：[工作经历：知名 IT 公司 3 年，教育背景：某大学计算机专业，开源项目：多个 GitHub 项目]，核实内容：[工作经历，教育背景，开源项目贡献，社交媒体行为]

Kimi

根据您提供的背景信息和搜索结果，以下是对候选人张伟的背景调查结果：

1. 工作经历：

- 张伟在软件开发领域拥有超过十年的经验，曾在知名互联网公司担任技术主管，负责领导数十名开发人员组成的团队。

- 张伟的职业生涯始于国内一家著名的软件公司，从初级程序员晋升至高级工程师、项目经理，最终成为技术主管。

- 张伟在大数据领域也有丰富的工作经验，曾担任大数据平台架构师，负责从零开始构建大数据处理平台。

……

专家提醒

注意，本书案例提供的信息都是虚拟的，仅作为操作示例进行介绍，因此 AI 生成的回复内容仅作参考。用户在使用 AI 工具进行实际操作时，需要向 AI 提供真实的信息，AI 才能给出切实有效的回复。

4.3　人才配置与优化

人才配置与优化是确保企业在动态变化的市场环境中保持竞争力的关键环节。通过合理的人才配置，企业能够充分挖掘员工的潜力，使其在合适的岗位上发挥最大效能。而人才优化则通过数据分析和智能化手段，对员工的能力和职业发展进行精确评估，从而帮助企业实现员工的长期价值最大化。本节将介绍如何利用 AI 进行人才配置与优化，以实现高效的人力资源管理。

4.3.1　用 AI 根据员工技能匹配岗位

AI 可以根据员工的历史表现、技能分析和工作经历，智能推荐适合的岗位或岗位调整方案。

扫码观看教学视频

例如，某公司希望将现有的软件开发工程师岗位人员进行岗位调整，以满足不同部门的需求。Kimi 可以根据员工的技能与各部门需求，推荐最佳的人才配置方案。案例指令及回复内容如下。

指令

根据提供的信息，匹配员工技能与岗位。岗位需求：[开发工程师，精通 Java，具备团队合作能力，能够进行技术创新]，员工：[张华，擅长 Java 开发，曾领导多个团队开发项目]

Kimi

根据您提供的信息，张华的技能与岗位需求非常匹配。以下是具体的匹配分析：

1. 开发工程师：张华的职位是开发工程师，符合岗位的基本要求。

2. 精通 Java：张华擅长 Java 开发，这与岗位要求的精通 Java 技能相符合。

3. 具备团队合作能力：张华曾领导多个团队开发项目，这表明他不仅具备团队合作能力，还具备领导团队的能力，超出了岗位的基本要求。

4. 能够进行技术创新：虽然您提供的信息中没有直接提到张华的技术创新能力，但他能够领导团队开发项目，通常意味着他具备一定的创新和解决问题的能力，这可以视为符合岗位的技术创新要求。

综上所述，张华的技能和经验与岗位需求高度匹配，他是一个合适的候选人。

4.3.2 用 AI 生成转正通知

员工的转正通知是员工工作期满后，确认其正式入职的关键步骤。AI 可以通过自动化分析员工的试用期表现，生成个性化的转正通知书，HR 可以在员工符合转正条件时发出通知。

扫码观看教学视频

例如，某员工已经完成了试用期，Kimi 可以根据员工的表现生成一份转正通知，案例指令及回复内容如下。

指令

生成转正通知。员工：[王涛]，岗位：[软件开发工程师]，试用期表现：[完成项目开发任务，团队合作表现良好，工作态度积极]

Kimi

当然，以下是一份转正通知的模板，您可以根据实际情况进行调整：

尊敬的王涛：

主题：转正通知

我们很高兴地通知您，经过对您试用期间的表现进行综合评估后，公司决定自[转正生效日期]起，您将正式成为我们团队的一员，担任软件开发工程师一职。

在试用期间，您展现出了卓越的专业技能和积极的工作态度。您不仅成功完成了项目开发任务，而且在团队合作中表现出色，与同事们建立了良好的工作关系。您的努力和贡献对我们团队的成功至关重要，我们对您的未来发展充满期待。

转正后，您的薪资将调整为[转正后薪资]，并且您将享有公司提供的所有正式员工福利，包括但不限于健康保险、退休金计划、带薪休假等。具体的薪资和福利细节，人力资源部门将会与您进一步沟通。

我们期待您在未来的工作中继续发挥您的才能，与公司共同成长。请在收到此通知后，与人力资源部门联系，以完成转正相关的所有手续。

……

4.3.3 用 AI 生成调岗通知

员工调岗是企业根据业务需求或员工发展需求，进行岗位调整的重要环节。AI 可以基于员工当前表现和未来潜力，生成个性化的调岗通知，并自动化完成岗位调整流程。

　　例如，某公司决定将市场营销专员调至品牌经理岗位，Kimi 可以自动生成调岗通知。案例指令及回复内容如下。

（扫码观看教学视频）

指令

生成调岗通知。员工：[林梦]，原岗位：[市场营销专员]，新岗位：[品牌经理]，调岗原因：[具备品牌策划经验，擅长跨部门协作，表现突出]

Kimi

　　当然可以，以下是一份调岗通知的模板，您可以根据实际情况进行调整和使用：

　　[公司名称]

　　调岗通知

　　尊敬的 [林梦]：

　　您好！

　　根据公司业务发展需要及您个人的职业规划，经过公司管理层的慎重考虑，我们决定对您的工作岗位进行调整。以下是调岗的详细情况：

　　1. 原岗位：市场营销专员

　　2. 新岗位：品牌经理

　　3. 调岗生效日期：[请填写具体的生效日期]

　　4. 调岗原因：您在市场营销专员的岗位上表现出色，具备丰富的品牌策划经验，擅长跨部门协作，您的专业能力和团队合作精神得到了公司的高度认可。鉴于此，公司决定将您调任至品牌经理岗位，以充分发挥您的专长，为公司的品牌建设贡献更大的力量。

　　请您在接到本通知后，于 [请填写交接工作的截止日期] 前完成与市场营销专员岗位相关的工作交接，并与新部门同事做好沟通，确保工作的顺利过渡。

　　公司将为您提供必要的培训和支持，以帮助您尽快适应新岗位的要求。

　　……

4.3.4 用 AI 进行人才梯队建设

人才梯队建设是企业发展的长远规划，通过 AI 可以根据员工的能力、潜力和岗位需求，智能化地进行梯队建设，确保企业在各个关键岗位上都有合适的接班人。

例如，某公司希望为未来的管理岗位进行人才梯队建设，Kimi 可以根据该公司现有员工的表现，分析出潜力较大的员工，并制订相应的发展计划。案例指令及回复内容如下。

指令

进行人才梯队建设。岗位：[管理岗位]，员工：[王莉，李凯，张敏]，评估维度：[领导力，团队管理能力，项目执行力]

Kimi

进行管理岗位的人才梯队建设是一项系统工程，涉及对员工的评估、培养和规划。针对王莉、李凯和张敏三位员工，我们可以从领导力、团队管理能力和项目执行力这三个维度进行评估和建设。以下是一些步骤和建议：

1. 评估现有能力：

领导力：评估员工是否具备激励和引导团队的能力，包括沟通技巧、决策能力和个人魅力。

团队管理能力：评估员工在团队中的协调和组织能力，包括冲突解决、团队建设、任务分配等。

项目执行力：评估员工在项目管理中的表现，包括计划制订、进度控制、资源调配和风险管理。

2. 制定评估标准：

为每个维度设定具体的评估指标和标准，比如通过 360 度反馈、绩效评估、项目成果等方式进行量化。

3. 进行能力评估：

通过问卷调查、同事评价、上级评价、自我评价等多种方式收集数据并进行综合分析。

4. 制订个人发展计划：

根据评估结果，为每位员工制订个性化的发展计划，包括短期和长期目标，以及实现这些目标的具体行动计划。

……

4.3.5　用 AI 优化员工晋升路径

　　AI 可以通过对员工的工作表现、绩效数据、能力评估等信息的分析，智能化地制定员工的晋升路径。通过 AI 的帮助，企业能够更加科学、公正地规划员工的职业发展，确保优秀员工能够在适当的时候获得晋升机会。

　　例如，某公司希望规划销售团队的晋升路径，Kimi 可以根据员工的历史业绩数据和个人发展潜力，预测其晋升时间和路径。案例指令及回复内容如下。

指令

　　根据提供的信息，优化员工晋升路径。岗位：[销售团队]，员工：[赵鹏，刘强]，评估维度：[销售业绩，客户管理能力，团队协作]

Kimi

　　为了优化销售团队中赵鹏和刘强的晋升路径，我们可以从以下几个方面进行考虑：

　　1. 销售业绩评估：

　　- 设定明确的销售目标和 KPI（关键绩效指标），并定期评估赵鹏和刘强的业绩。

　　- 根据销售业绩的完成情况，给予相应的奖励和晋升机会。

　　2. 客户管理能力提升：

　　- 提供客户关系管理（CRM）培训，帮助他们更好地理解和维护客户关系。

　　- 定期进行客户满意度调查，将结果作为评估客户管理能力的一个重要指标。

　　3. 团队协作强化：

　　- 鼓励团队合作项目，通过团队任务评估他们的协作能力。

　　- 定期组织团队建设活动，增强团队精神和协作能力。

　　4. 个性化发展计划：

　　……

本章小结

本章首先介绍了 AI 在招聘流程智能化中的应用，帮助企业提高招聘效率；然后，探讨了 AI 如何识别高潜人才，优化人岗匹配；最后，介绍了 AI 在人才配置与优化中的作用，并展示了 AI 在优化员工晋升路径中的实际应用。

课后实训

鉴于本章知识的重要性，为了帮助大家更好地掌握本章所学内容，本节将通过一个实训案例进行知识回顾和补充。

实训任务：使用 Kimi 分析招聘岗位需求，并生成岗位描述，相关指令及回复内容如下。

扫码观看教学视频

指令

根据提供的信息，分析岗位需求，并生成岗位描述。岗位：[数据分析师]，需求分析：[数据处理能力，熟悉 SQL、Python，具备 3 年及以上数据分析经验，具备商业分析思维，能够使用数据分析工具进行市场趋势预测]

Kimi

岗位名称：数据分析师

岗位描述：

职位概述：

我们正在寻找一位经验丰富的数据分析师，希望其加入我们的团队。作为数据分析师，您将负责利用您的数据处理能力、SQL 和 Python 技能，以及商业分析思维，为我们的业务决策提供数据支持。您将使用数据分析工具进行市场趋势预测，并为公司的战略规划提供关键见解。

主要职责：

1. 负责收集、处理和分析大量数据，以支持业务决策和战略规划。

2. 使用 SQL 和 Python 等工具进行数据查询、清洗、转换和建模。

3. 运用商业分析思维，从数据中提取有价值的商业洞察，为业务增长提供支持。

4. 利用数据分析工具和方法，进行市场趋势预测和分析，为市场策略制定提供依据。

5. 与团队成员紧密合作，确保数据分析结果的准确性和可靠性。

6. 编写和维护数据分析报告，清晰地呈现分析结果和建议。

7. 持续跟踪最新的数据分析技术和工具，提升团队的分析能力。

……

第**5**章 AI 赋能培训与发展

学习提示

通义作为一种强大的 AI 工具，可以在员工培训、职业
规划以及发展评估等方面提供精准的数据支持和个性化解决
方案。本章将详细探讨如何利用通义赋能员工培训与发展，
帮助企业提升员工整体素质，促进员工的职业生涯发展。

本章重点导航

◎ 员工培训方案
◎ 职业发展规划

5.1　员工培训方案

员工培训是企业提升员工技能、增强竞争力的重要手段。传统的培训模式往往存在内容单一、覆盖面不广以及针对性不强等问题。而 AI 的应用则能针对员工的个人特点和工作需求，制订个性化的培训方案，从而提高培训效率和效果。本节将介绍如何使用通义的 AI 技术设计培训课程、评估培训效果、跟踪培训进度等，帮助企业提升员工的能力。

5.1.1　用 AI 设计培训课程

传统的培训课程通常是基于通用需求设计的，而 AI 可以根据员工的工作内容、技能水平以及个性化需求，量身定制更具针对性的课程内容。

扫码观看教学视频

例如，某公司的 HR 需要为其销售团队设计一个"销售技能提升"课程。通义可以根据员工的销售数据、过往业绩以及市场趋势，自动生成一套有针对性的培训课程。

用户可以进入通义官网并登录账号，在输入框中输入指令，单击˙按钮发送指令，指导 AI 设计培训课程。案例指令及回复内容如下。

指令

> 根据提供的信息，设计培训课程。岗位：[销售人员]，需求分析：[提升客户沟通技巧，学习新市场趋势，提升销售转化率]，培训目标：[通过在线课程提升销售技能，掌握客户分析技巧，优化销售策略]

通义

> 为了设计一个针对销售人员的培训课程，我们将根据您提供的信息和需求分析来构建一个结构化的学习计划。这个计划将涵盖客户沟通技巧、市场趋势的学习以及销售转化率的提升。同时，我们将确保学员能够掌握客户分析技巧，并优化其销售策略。
>
> 培训课程名称
>
> 《销售技能提升：客户沟通与市场趋势在线课程》
>
> 培训目标
>
> - 提升销售人员的客户沟通能力，增强理解和满足客户需求的能力。

- 教导销售人员识别和理解最新的市场趋势，以调整销售策略。

- 提高销售转化率，通过有效的客户分析和优化销售流程实现更高的成交率。

课程模块

模块 1：客户沟通艺术

- 建立信任关系：了解如何在初次接触中迅速建立信任。

- 倾听技巧：练习积极倾听，识别客户的明确和潜在需求。

- 有效提问：学习使用开放式和封闭式问题引导对话。

- 处理异议：掌握应对客户拒绝和提出异议的策略。

- 情感智能：培养情商，更好地理解客户情绪并做出适当回应。

……

5.1.2 用 AI 评估培训效果

扫码观看教学视频

培训效果评估是衡量培训成效的关键环节。传统的评估方法通常依赖于学员反馈和导师观察，而 AI 可以通过对员工培训前后的表现数据进行对比分析，精准评估培训的实际效果。案例指令及回复内容如下。

指令

请根据以下员工培训前后的表现数据，分析并生成培训效果评估报告，同时提供未来培训方向的建议，帮助员工进一步提升。

员工姓名：张三

培训前成绩：70 分

培训后成绩：92 分

培训前工作表现：完成率 75%，客户满意度 70%

培训后工作表现：完成率 95%，客户满意度 88%

技能掌握度：培训前基础，培训后精通

通义

根据提供的数据，我们可以为张三生成一份培训效果评估报告，并给出未来培训方向的建议。以下是详细的分析：

培训效果评估报告

员工姓名：张三

培训前后成绩对比：从 70 分提升至 92 分（提高了 22 分）

- 知识吸收情况：张三在培训后明显地提升了其理论知识水平，成绩提高了 31.4%，这表明他能够有效地吸收和理解培训内容。

- 工作表现改进：

- 任务完成率：从 75% 提升到 95%，增加了 20 个百分点，说明张三的工作效率有了显著提高，能够更高效地完成分配的任务。

- 客户满意度：从 70% 上升到 88%，增长了 18 个百分点，显示张三的服务质量得到了客户的认可，客户体验有所改善。

- 技能掌握度：由基础水平进步到了精通，表示张三不仅对新技能有了一定程度的理解，还能熟练应用于实际工作中。

综上所述，此次培训对张三产生了积极的影响，他在各个方面的表现都有了明显的进步。

未来培训方向建议

基于当前的表现和进步幅度，为了帮助张三进一步提升，可以考虑以下培训方向：

……

5.1.3 用 AI 设计学习路径

AI 的个性化学习路径设计，可以根据员工的学习风格、能力水平以及职业发展目标，为其提供最合适的学习路线。这样不仅能够使员工提高学习效率，还能帮助员工在最短时间内达到最佳的学习效果。

扫码观看教学视频

例如，某公司希望为其人力资源经理设计个性化的学习路径，以提升其在招聘、员工关系管理等方面的专业能力。通义可以根据该经理的历史工作表现和未来发展方向推荐适合的学习资源和路径。案例指令及回复内容如下。

指令

请根据提供的信息，生成个性化学习路径。员工：[人力资源经理]，学习目标：[提升招聘技能，优化员工关系管理能力，提升领导力]，个性化需求：[具备一定 HR 经验，注重数据分析，渴望提升领导能力]

通义

　　根据您提供的信息，为人力资源经理设计一个个性化学习路径，主要围绕提升招聘技能、优化员工关系管理能力以及提升领导力这三个方面展开。考虑到该经理已经具备一定的人力资源经验，并且注重数据分析和渴望提升领导能力，以下是一个建议的学习路径：

　　1. 提升招聘技能

　　- 深入理解人才市场趋势：参加行业研讨会或在线课程，了解最新的劳动力市场动态及趋势，掌握如何利用大数据分析预测未来的人才需求。

　　- 高级招聘技术与工具：学习并实践使用最新的 ATS（Applicant Tracking Systems）系统和其他招聘工具，提高筛选简历的效率和准确性。

　　- 行为面试技巧：通过工作坊或者专业培训，学习如何进行有效的行为面试，以评估候选人的软技能和文化契合度。

　　2. 优化员工关系管理能力

　　- 员工体验设计：研究并应用员工体验理论，从入职到离职的每个阶段创造积极的工作环境，确保员工感到被重视和支持。

　　- 冲突解决与沟通技巧：参与相关课程，学习如何有效处理工作场所中的冲突，加强内部沟通，促进团队协作。

　　- 绩效管理和反馈机制：建立公平透明的绩效评价体系，定期给予建设性的反馈，激励员工持续进步。

　　……

5.1.4　用 AI 跟踪培训进度

　　培训进度的跟踪是确保培训效果落实的关键步骤。AI 可以实时监控员工的学习进度，记录每个模块的完成情况，并根据学习进度提出有针对性的建议，确保每位员工都能按时完成培训任务。

扫码观看教学视频

　　例如，某公司为其客户服务团队提供了一项"客户满意度提升"培训。通义可以根据员工的学习进度自动生成进度报告，并提醒员工按时完成培训。案例指令及回复内容如下。

指令

　　请根据提供的信息，跟踪培训进度并提供后面的培训建议。岗位：[客户服

务人员]，培训课程：[客户满意度提升培训]，课程完成情况：[课程共 8 章，已完成第 2 章，用时 3 天]，进度跟踪：[课程完成情况，学习时间，互动参与度]

🔵 通义

　　根据提供的信息，客户服务人员的客户满意度提升培训目前完成了第 2 章，共用时 3 天。为了有效地跟踪培训进度并提供后续的培训建议，我们可以考虑以下几个方面：

　　进度跟踪

　　1. 课程完成情况：

　　- 目前已完成 2/8 章，意味着还有 6 章待完成。

　　- 以当前的速度，如果保持每天的学习效率不变，预计还需要大约 12 天来完成剩余章节（假设每章所需时间相同）。

　　2. 学习时间：

　　- 已知用了 3 天时间完成 2 章，可以计算出平均每章需要的时间，并据此调整或规划剩余章节的学习时间安排。

　　3. 互动参与度：

　　- 如果有在线讨论、问答环节或其他形式的互动，应该检查学员在这方面的参与程度。高参与度通常表明学员对材料有兴趣和更理解，反之则可能需要更多的支持或不同的教学方法。

　　后续培训建议

　　……

📕 5.1.5 用 AI 分析培训数据

　　AI 可以通过对大量培训数据的深入分析发现潜在的培训问题并提供改进方案。通过数据分析，AI 能够识别哪些培训方法有效、哪些内容不被员工接受，从而不断优化培训方案。

扫码观看教学视频

　　例如，某公司为技术支持团队设计了一项"技术问题解决"培训课程。通义可以分析员工在课程中产生的常见问题和学习反馈，优化课程内容。

　　用户可以在通义的输入框中上传员工培训数据，并输入分析指令，单击 按钮发送指令，指导 AI 分析培训数据，具体操作如下。

　　步骤 01 在通义输入框的左侧，❶单击 按钮；❷在弹出的列表框中选择"上传文档"选项，如图 5-1 所示。

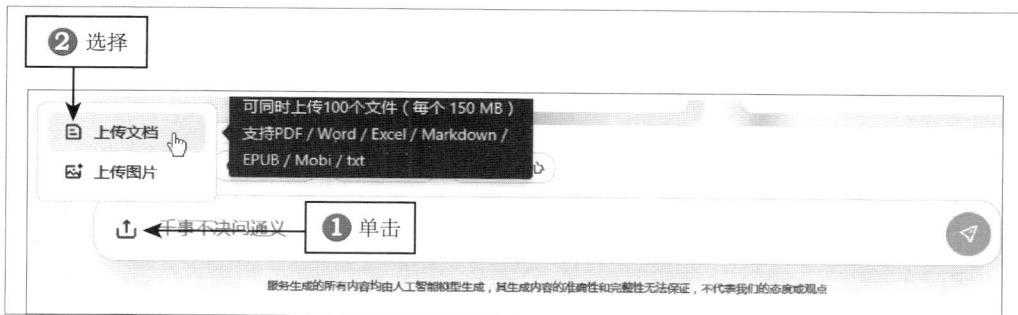

图 5–1　选择"上传文档"选项

步骤 02　弹出"打开"对话框，选择需要上传的文档，如图 5-2 所示。

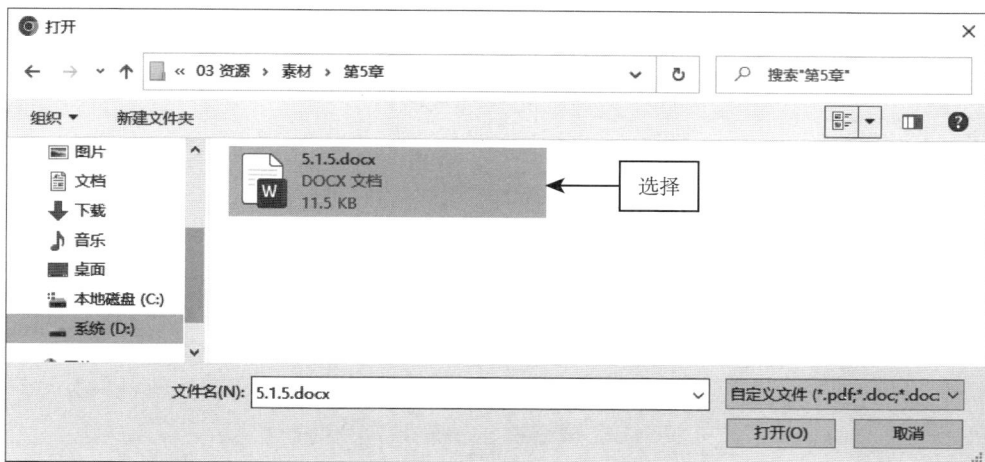

图 5–2　选择需要上传的文档

步骤 03　单击"打开"按钮，即可上传选择的文档，并显示在输入框中，如图 5-3 所示。

图 5–3　上传选择的文档

步骤 04　输入相应的指令，单击 按钮发送指令，指导 AI 分析培训数据，相关指令及回复内容如下。

指令

请根据上传的文档，分析培训数据，并提供改进建议，优化培训内容

通义

根据上传的文档内容，我们可以分析出以下几点，并据此提出改进建议：

分析：

1. 员工姓名：李四

- 说明这是针对特定员工的反馈，可能需要考虑个体差异对培训效果的影响。

2. 参与课程时间：2025 年 3 月 3 日至 2025 年 3 月 6 日

- 培训持续了 4 天，这为了解课程强度和密度提供了信息。

3. 培训方式：在线学习＋实操练习

- 混合式学习模式被采用，这种模式通常能够提供理论与实践相结合的学习体验。

4. 学习反馈

- 课程内容难易度适中，理解程度良好，表明整体课程设计合理。

- 学员提出了增加实际案例和互动环节的需求，暗示现有课程在应用性和互动性上可以改进。

- 提出了几个具体的学习障碍（高级概念的应用场景、特定工具的操作、解决问题步骤的清晰度），这可能是课程内容或讲解深度的问题。

5. 考核成绩

- 从 75 分提高到 88 分，表明学员通过培训有显著进步，但仍有提升空间。

改进建议：

……

5.2 职业发展规划

职业发展规划是员工职业生涯管理的核心部分。AI 通过对员工能力、兴趣、价值观等多维度数据的分析，可以帮助企业为员工规划未来的职业发展路径，并提供个性化的职业发展建议，从而激发员工的潜力和提升员工的忠诚度。本节将向大家介绍利

用通义规划职业发展路径、提供职业咨询、匹配培训资源、评估个人发展潜力以及优化员工发展计划等。

5.2.1　用 AI 规划职业发展路径

AI 能够基于员工的兴趣、技能和发展潜力等信息，帮助企业为员工制定个性化的职业发展路径。通过 AI 的分析，企业能够确保员工的职业发展与公司的战略目标一致，同时最大化员工的个人潜力。

扫码观看教学视频

例如，某公司希望为其项目经理规划未来三年的职业发展路径。通义可以根据该员工的工作表现、岗位需求和行业趋势提供合适的职业发展规划。案例指令及回复内容如下。

指令

请根据提供的信息，规划员工的职业发展路径。员工：[项目经理]，工作背景：[项目管理经验 5 年，已成功完成多个大规模项目]，技能：[项目管理（精通）、数据分析（基础）]，发展目标：[晋升为项目管理部门负责人，提升数据分析与跨部门管理能力]

通义

根据提供的信息，为项目经理规划职业发展路径时，我们可以分为短期、中期和长期目标来考虑。以下是一个可能的职业发展路径：

短期目标（0～1 年）

1. 强化现有技能：

- 持续提升项目管理能力，通过参与复杂度更高的项目或担任更具挑战性的角色来积累经验。

- 考虑获取 PMP（项目管理专业人士）认证或其他相关证书，以增强专业资质。

2. 加强数据分析技能：

- 参加内部或外部的数据分析培训课程，专注于项目管理中的数据应用。

- 通过在线学习平台学习数据分析的基础知识和技术，如 Python 编程、R 语言、SQL 等。

- 使用 Excel 高级功能进行数据处理与分析。

3.提高沟通与跨部门协作能力：

……

5.2.2 用 AI 提供职业咨询

AI 还可以为员工提供个性化的职业咨询，帮助员工更好地理解自身优势、发现潜力，并根据市场需求和个人兴趣提供职业建议。

扫码观看教学视频

例如，某公司需要为一名技术支持工程师提供职业咨询，通义可以通过分析该员工的技术能力和职业兴趣，提出职业建议和发展方向。案例指令及回复内容如下。

指令

请为员工提供职业咨询。员工：[技术支持工程师]，兴趣方向：[技术研发，项目管理]，技能分析：[技术支持能力强，项目管理经验较少]

通义

为技术支持工程师提供职业咨询，尤其是对技术研发和项目管理感兴趣的员工，我们可以考虑以下几个方面：

1.技能提升：

- 技术研发：鼓励员工深入学习技术原理，参与或主导一些小型的技术研发项目。可以参加相关的培训课程、研讨会或者在线学习平台上的课程来提升技术水平。

- 项目管理：由于该员工的项目管理经验较少，可以通过参加项目管理的专业培训，如 PMP（项目管理专业人士）认证培训，以及阅读相关书籍和文章来增加理论知识。同时，可以在当前的工作环境中寻找机会实践项目管理技巧，例如从小型项目开始，逐步积累经验。

2.角色转换与扩展：

- 可以考虑在现有岗位上逐渐增加更多涉及技术研发的任务，比如参与产品测试、故障排除工具开发等，这样既不会让员工脱离熟悉的技术支持环境，又能培养新的技能。

- 探索内部转岗的可能性，看看是否有合适的研发职位或项目管理助理职位，可以让员工尝试新角色，获取更多实践经验。

……

5.2.3　用 AI 匹配培训资源

在职业发展规划中，AI 不仅能帮助员工制定职业路径，还能根据员工的技能、兴趣和目标，智能匹配合适的培训资源。

例如，一位名为李晓明的员工在公司工作了两年，当前担任产品经理职务，并希望在未来一年内提升自己在项目管理和数据分析方面的能力。通过 AI，李晓明可以获得一套个性化的培训资源，包括课程、书籍和在线讲座等，帮助他在职场中实现自我提升。案例指令及回复内容如下。

指令

匹配培训资源：员工姓名：[李晓明]，岗位：[产品经理]，职业目标：[提升项目管理和数据分析技能]，技能数据：[项目管理基础，数据分析初级]，推荐资源类型：[在线课程，书籍，讲座]，资源筛选依据：[岗位技能要求，兴趣领域，学习能力]

通义

根据李晓明的情况，作为产品经理，他的职业目标是提升项目管理和数据分析技能。目前他具备项目管理基础和数据分析初级水平的技能。以下是为他推荐的在线课程、书籍和讲座资源，这些资源将有助于他在职业道路上更进一步。

在线课程

1. 项目管理专业（PMP）认证培训

- 平台：PMI 官方网站。

- 适合人群：希望深入了解项目管理知识体系并获得国际认证的产品经理。

- 内容涵盖项目启动、规划、执行、监控与收尾五大过程组，以及十大知识领域。

2. 数据科学与大数据分析专项课程

……

5.2.4　用 AI 评估个人发展潜力

评估员工的个人发展潜力对于制定职业发展规划至关重要。传统的潜力评估往往依赖于上级的主观判断，可能存在一定的偏差。AI 通过分析员工的历史表现、技能、职业目标、心理特征以及工作中表现

出来的潜力等多维数据，能够客观、精准地评估员工的未来发展潜力。

例如，某公司 HR 部门需要评估一位名为王亮的员工的未来发展潜力。王亮目前担任技术支持职位，工作表现稳定，但 HR 希望通过 AI 评估其潜力，以便为他规划未来的职业发展路径。

用户可以参考 5.1.5 小节中的操作方法，将王亮的相关数据文档上传至通义输入框中，然后输入并发送评估指令。案例指令及回复内容如下。

指令

根据上传的数据文档，评估王亮的个人发展潜力。员工姓名：[王亮]，当前岗位：[技术支持]，评估维度：[工作表现，学习能力，情商，领导力潜力，职业兴趣]

通义

根据上传的数据文档，我们可以从以下几个维度评估王亮的个人发展潜力：

1. 工作表现：

王亮在项目管理方面展现了出色的能力，成功领导并完成了 3 个跨部门项目，并且客户满意度达到了 90%，这显示了他在协调资源和团队合作方面的实力。他处理技术难题超过 50 个，平均解决时间为两天，体现了其解决问题的速度和效率。此外，他还提出了两项流程优化方案，使团队的工作效率提升了 15%，说明王亮不仅能够处理当前的问题，还能够思考长远的改进措施。

2. 学习能力：

王亮参加了《领导力提升》与《项目管理高级课程》，并且 100% 完成了这些课程，积极参与课后讨论和案例分析，培训成绩也高达 90 分 /100 分。这表明王亮有较强的学习能力和对新知识的渴望，同时也能将所学应用于实际工作。

……

5.2.5 用 AI 优化员工发展计划

优化员工发展计划是提升人才管理效能的关键环节。AI 能够通过对员工个人数据、工作表现、能力评估和职业目标等多维信息的分析，提出个性化的发展建议，并实时调整发展计划，确保员工的职业成长与企业需求高度匹配。

扫码观看教学视频

例如，某公司计划为李某设计一份个性化的员工发展计划。李某目前担任人力资源专员，工作表现优秀，但公司希望通过 AI 进一步优化他的职业发展路径，以提升其管理能力，培养为未来的人力资源管理岗位接班人。

在通义输入框中上传李某的相关数据信息，输入并发送相关指令，让 AI 优化李某的发展计划。案例指令及回复内容如下。

指令

根据上传的数据文档，优化李某的发展计划。员工姓名：[李某]，当前岗位：[人力资源专员]，评估维度：[工作表现，领导力潜力，职业目标，技能需求]，调整因素：[市场需求变化，公司战略变化，员工兴趣变化]

通义

根据上传的数据文档中有关李某的信息，我们可以为李某制定一个优化的发展计划。该计划将基于其工作表现、领导力潜力、职业目标和技能需求，并考虑市场需求变化、公司战略变化以及员工个人兴趣的变化。

工作表现

- 招聘与配置：李某在招聘方面表现出色，提前完成招聘计划。可以继续培养其招聘能力，使其能够处理更复杂或更大规模的招聘任务。

- 员工关系管理：成功解决冲突并提升满意度，显示了优秀的沟通和调解能力。建议进一步深化此方面的知识，如通过参与更复杂的员工关系案例积累经验。

- 培训与发展：高满意度的培训组织表明李某有能力策划和实施有效的培训项目。可考虑让其负责更具挑战性的培训项目或开发新的培训课程。

……

本章小结

本章首先介绍了如何利用 AI 设计员工培训课程，并通过智能化手段提升培训效果；然后，探讨了如何利用 AI 为员工规划个性化的职业发展路径和提供职业咨询；接着，介绍了如何借助通义跟踪培训进度和优化培训方案；最后，帮助大家了解了 AI 如何评估员工的发展潜力、优化员工的发展计划。

课后实训

鉴于本章知识的重要性，为了帮助大家更好地掌握本章所学内容，本节将通过一个实训案例进行知识回顾和补充。

实训任务：使用通义设计一门适合人事助理岗位的培训课程，生成培训大纲，并推荐学习材料。相关指令及回复内容如下。

扫码观看教学视频

📷 指令

设计一门适合人事助理岗位的培训课程，生成培训大纲，并推荐学习材料

🉐 通义

设计一门适合人事助理岗位的培训课程，需要考虑该职位的核心职责和技能要求。人事助理通常需要具备基本的人力资源管理知识、沟通技巧、组织协调能力以及对相关法律法规的理解。以下是为人事助理岗位设计的一门培训课程的大纲，以及推荐的学习材料。

培训课程名称：

人事助理核心技能提升培训

培训目标：

通过本课程，使学员掌握人事助理所需的基本理论知识和实际操作技能，提高工作效率和服务质量，促进个人职业发展。

课程大纲：

模块一：人力资源基础

-1.1 人力资源管理概述

......

第 6 章　AI 管理绩效考核

学习提示

　　利用 AI 技术，HR 可以实现绩效管理的自动化、精细化和个性化，提升管理效率与决策质量。本章将重点介绍如何利用 AI 赋能绩效考核管理，包括绩效评估、改进与激励以及员工考勤管理等方面，结合 AI 工具——橙篇，提供具体的操作指引和案例。

本章重点导航

- ◇ 评估员工绩效
- ◇ 绩效改进与激励
- ◇ 员工考勤管理

6.1 评估员工绩效

在传统的绩效考核中，评估员工的绩效通常依赖人工判断和定期的评估，然而这些方法往往缺乏实时性和精准度。使用 AI 技术可以通过数据分析、自动化评分和实时监控等方式，全面提升绩效评估的精度和效率。本节主要介绍使用橙篇评估员工绩效的操作方法。

6.1.1 用 AI 设定绩效目标

通过大数据分析，AI 可以根据员工的历史表现、岗位需求以及团队目标识别员工的优势和潜力，自动设定其个性化的绩效目标。

例如，某公司在设定销售人员的季度目标时，AI 通过分析历史销售数据、市场趋势以及同行业的平均水平，可以自动生成个性化的销售目标。

用户可以进入橙篇官网并登录账号，在输入框中输入指令，单击 按钮发送指令，指导 AI 设定绩效目标。案例指令及回复内容如下。

扫码观看教学视频

指令

分析员工［张明］的销售数据和市场趋势，设定合理的季度销售目标。下面是历史销售数据、时长趋势和同行业平均水平数据：

历史销售数据：上季度销售额为 500,000 元，历史季度平均销售额为 450,000 元，年度总销售额为 2,000,000 元，产品类别为电子产品，过去 3 个月的销售增长率为 10%

市场趋势：电子产品需求持续增长，预计增长率为 8%

同行业平均水平：同行公司销售增长率为 6%

橙篇

张明销售数据分析及季度销售目标设定

一、历史销售数据分析

上季度销售额：500,000 元

张明上季度的销售额表现良好，超过了历史季度平均销售额。

……

四、总结

根据张明的历史销售数据、市场趋势和同行业平均水平，我们设定了以下季度销售目标：

基础目标：495,000 元

挑战目标：540,000 元

终极目标：567,000 元

这些目标旨在平衡张明的历史表现、市场趋势和行业竞争态势，激励他不断超越自我，实现更高的销售业绩。同时，这些目标也为公司提供了明确的销售预期，有助于制定更科学的销售策略和资源分配计划。

6.1.2　用 AI 分析绩效数据

AI 可以快速处理和分析大量绩效数据，通过算法识别员工绩效中的潜在模式和趋势。例如，AI 能从员工的工作日志中提取有效信息，并结合外部数据（如市场变化）进行综合评估。

扫码观看教学视频

用户可以在橙篇的输入框中上传员工的工作日志，并输入分析指令，单击 按钮发送指令，指导 AI 分析绩效数据，具体操作如下。

步骤 01 在橙篇输入框的右侧，单击 按钮，如图 6-1 所示。

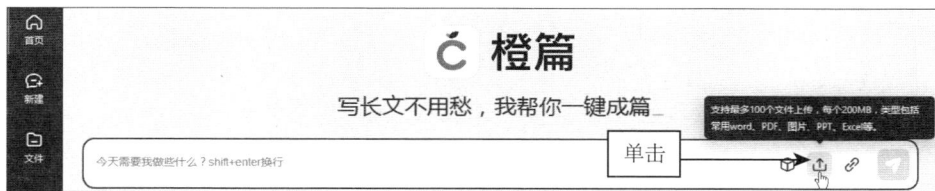

图 6-1　单击相应按钮

步骤 02 弹出"打开"对话框，选择需要上传的文档，如图 6-2 所示。

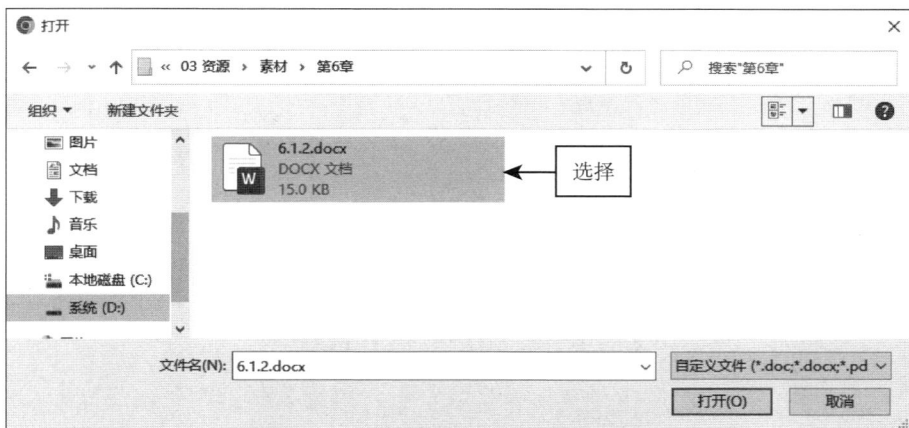

图 6-2　选择需要上传的文档

步骤 03 单击"打开"按钮，即可上传所选文档，并显示在输入框的下方，如图 6-3 所示。

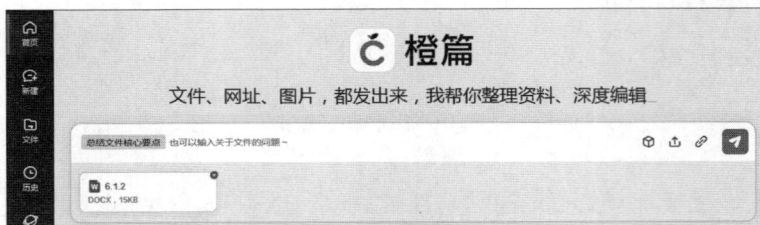

图 6–3　上传所选文档

步骤 04 输入相应的指令，单击 ◢ 按钮发送指令，指导 AI 分析绩效数据。相关指令及回复内容如下。

指令

分析员工［周峰］在过去 6 个月内的绩效数据，提取趋势并生成分析报告

橙篇

周峰过去 6 个月的绩效数据核心要点分析报告

一、绩效数据概览

在过去 6 个月中，周峰作为高级软件工程师，在研发部工作表现出色。其月度绩效数据呈现出稳步上升的趋势，特别是在项目 / 任务完成率、客户反馈、团队合作和个人技能提升方面。

二、趋势分析

目标完成率：周峰的目标完成率平均达到 99%，其中 2 月、4 月、5 月和 6 月均超额完成任务。这表明他具有高效的工作能力和良好的项目管理技巧。

项目 / 任务：周峰参与的项目涵盖了移动应用开发、网站重构、API 开发、用户体验改进、性能优化和安全性增强等多个方面，显示了他全面的技术能力和对技术趋势的敏锐洞察力。

客户反馈：客户对周峰的工作给予了高度评价，特别是在应用速度提升、新网站界面、API 稳定性、用户界面设计、系统性能提升和系统安全性方面。这证明了他在提升客户满意度和公司形象方面的积极作用。

团队合作：周峰在团队合作方面表现出色，积极参与团队会议，提出改进方案，协助新同事融入团队，并分享最佳实践。他的团队精神和领导力为团队的整

体绩效做出了重要贡献。

……

6.1.3　用 AI 生成绩效报告

扫码观看教学视频

AI 不仅能评估员工的绩效，还可以提供个性化的反馈意见，帮助员工了解自己的优缺点，并根据反馈制订改进计划。AI 通常会根据预设的标准和数据分析结果，生成绩效反馈报告，具有高效、客观的优势。

例如，某企业通过 AI 生成季度绩效反馈报告，直接发送给每位员工，报告中不仅包含成绩，也会提供改进建议。案例指令及回复内容如下。

指令

根据市场部经理［张琴］的绩效数据，生成个性化反馈报告，建议改进方向。绩效数据如下：

2025 年第 3 季度（7 月 1 日—9 月 30 日）目标完成率：85%

夏季促销活动：成功，达成率 100%

新产品市场调研：部分完成，达成率 75%

客户满意度提升计划：超额完成，达成率 120%

橙篇

市场部经理张琴 2025 年第 3 季度绩效反馈及改进建议报告

一、绩效概况

张琴经理在 2025 年第 3 季度（7 月 1 日至 9 月 30 日）的市场部工作中，整体表现出色，目标完成率达到 85%，展现了较强的业务能力和团队领导力。以下是对其各项具体工作的详细反馈及改进建议。

二、具体工作反馈

夏季促销活动

达成情况：成功，达成率 100%

反馈：张琴经理在夏季促销活动的策划与执行中，展现出了卓越的市场洞察力和策略制定能力。活动不仅成功吸引了大量客户，还显著提升了销售额，为公司带来了可观的收益。

改进建议：继续保持并优化促销活动的创意和执行效率，同时加强对活动数据的分析和总结，以便为未来的促销活动提供更有价值的参考。

新产品市场调研

达成情况：部分完成，达成率 75%

……

6.1.4 用 AI 预测员工潜力

在传统的绩效考核中，评估员工的潜力通常依赖于直觉和周期性的评估。然而，AI 能够通过对员工过往绩效数据、工作习惯、能力发展轨迹等多维度信息的深度分析，提供更为精准的潜力预测。通过 AI 预测，企业能够在员工发展方面做出更加科学和合理的决策，提前识别出高潜力员工，以便为他们提供更多的发展机会和资源支持。

扫码观看教学视频

用户可以参考 6.1.2 小节中的操作方法，上传员工的历史绩效数据，并向橙篇发送指令，指导 AI 预测员工未来的绩效潜力。案例指令及回复内容如下。

指令

根据上传的文档内容，分析员工［王亮］的历史绩效数据，包括任务完成度、质量评分、工作态度等，结合团队和部门的长远发展需求，预测其未来的绩效潜力并生成发展建议

橙篇

根据上传的文档内容，对员工王亮的历史绩效数据进行分析，具体如下：

历史绩效数据分析

任务完成度：

1 月：完成 3 个主要任务，完成度 90%

2 月：完成 4 个主要任务，完成度 95%

3 月：完成 5 个主要任务，完成度 100%

王亮第一季度的任务完成度持续上升，最终达到了 100% 的完成度，显示了他在项目管理和任务执行上的高效性和稳定性。

……

预测未来绩效潜力及发展建议

预测未来绩效潜力：

基于王亮在历史绩效数据中展现出的高效性、稳定性和卓越的质量评分，以及他积极的工作态度和展现出的领导潜力，可以预测他在未来将继续保持高绩效，并在技术、管理和团队协作方面取得更大的进步。

……

6.1.5　用 AI 提取销量前三

在人力资源管理的销售绩效考核中，销量前三通常代表着优秀的业绩和突出的人才，能够激励员工争先创优并促进业绩增长。传统的手动统计和排名方式不仅耗时且容易出错，而利用 AI 进行销量数据分析和排名提取不仅提升了效率，还可以从更细致的层面分析影响销售表现的因素，从而提供更加精准和客观的业绩评价。

扫码观看教学视频

用户可以在橙篇的输入框中上传销量数据，并发送指令，指导 AI 提取销量前三。案例指令及回复内容如下。

指令

根据上传的销售数据，提取销量排名前三的员工，并生成销售报告

橙篇

销售报告

一、销售数据概览

……

二、销量排名前三的员工

根据销售数据，销量排名前三的员工如下：

李磊

所在组别：销售 1 组

销量：390

郭涛

所在组别：销售 3 组

销量：376

王小明

所在组别：销售 3 组

销量：345

三、总结

本月销量前三名的员工分别来自销售 3 组和销售 1 组，显示出这两个组别在销售粉底液方面具有较强的实力。特别是李磊，其销量达到了 390，是所有员工中最高的，值得表扬和肯定。同时，我们也应该注意到，其他员工的销量也各有亮点，应继续鼓励所有员工保持积极的销售态度，争取更好的销售业绩。

6.1.6 用 AI 计算绩效评分

员工绩效综合评分是衡量员工工作表现和能力的一种方法，企业可以根据员工的评分给予奖励或晋升。AI 能够自动计算员工的绩效评分，确保评分标准的公正性和透明度。通过分析员工的多维度数据（如工作效率、团队协作、创新能力等），AI 将给出一个综合评价。

扫码观看教学视频

用户可以在橙篇的输入框中上传员工的各项绩效评分文档，并发送指令，指导 AI 计算绩效综合评分。案例指令及回复内容如下。

指令

根据上传的文档，计算各员工的绩效综合评分

橙篇

要计算各员工的绩效综合评分，需要将每个员工的工作效率、团队协作和创新能力 3 项评分相加。具体计算如下：

……

所以，各员工的绩效综合评分分别为：

张子期：240 分

李小：253 分

王武：243 分

赵露：248 分

陈七月：242 分

孙海梅：252 分

6.2 绩效改进与激励

绩效管理不仅仅是评估，更重要的是如何通过改进措施激励员工，提升整体工作效率和企业竞争力。AI 在绩效改进和激励设计中的应用日益广泛，能够根据数据分析生成个性化的激励计划和优化方案。本节将为大家介绍如何利用 AI 技术进行绩效识别、改进与激励设计。

6.2.1 用 AI 识别绩效问题

AI 可以通过分析大量绩效数据，识别出员工在工作中的潜在问题，并给出解决方案。AI 不仅能帮助 HR 及时发现问题，还能为员工提供具体的改进建议。

扫码观看教学视频

用户可以在橙篇的输入框中上传员工的绩效数据，并发送指令，指导 AI 识别绩效问题并提供改进建议。案例指令及回复内容如下。

🔲 指令

根据上传的文档，识别员工可能存在的绩效问题，并提供改进建议

Č 橙篇

根据上传的文档中的绩效数据分析，我们可以识别出以下可能存在的绩效问题，并相应提供改进建议：

绩效问题识别

1. 李明任务完成度偏低：

李明的季度平均完成度为 80%，相较于其他员工（如张华 90%、王丽 92.5%）较低。

2. 李明质量评分不高：

李明的季度平均质量评分仅为 4.2 分，低于团队平均水平（假设团队平均水平为 4.5 分左右）。

3. 赵强工作表现波动：

赵强在任务完成度和质量评分上均表现出一定的波动性，可能会影响团队整体绩效的稳定性。

4.工作态度差异：

员工之间的工作态度存在差异，李明和赵强在某些月份表现出一般的工作态度，这可能会影响工作效率和团队氛围。

改进建议

1.针对李明任务完成度和质量评分的提升：

提供额外培训：为李明提供针对性的技能培训和工作方法指导，帮助其提高工作效率和完成任务的质量。

设定明确的目标：与李明共同设定清晰、可量化的工作目标，并定期检查进度，确保目标达成。

激励措施：实施绩效奖励机制，对完成度和质量评分提升明显的员工给予奖励，激发其工作积极性。

......

6.2.2 用 AI 设计激励计划

AI 能够根据员工的个性化表现，自动生成适合的激励计划，确保奖励与员工绩效挂钩。激励计划可以包括物质奖励、晋升机会、培训机会等。

扫码观看教学视频

例如，AI 可以根据某公司销售人员的季度绩效自动生成个性化的激励计划，包括现金奖励、额外休假和培训机会等。用户只需要在橙篇的输入框中上传员工的绩效数据，并发送指令，即可指导 AI 设计激励计划。案例指令及回复内容如下。

指令

根据上传的文档，设计员工个性化的激励计划，包括现金奖励、额外休假和培训机会等

橙篇

根据提供的文件内容，以下是针对卓越销售有限公司 2025 年第 3 季度销售人员绩效的个性化激励计划设计：

卓越销售有限公司销售人员激励计划

一、现金奖励

1.孙涛

销售额：300 万元，完成率 120%

奖励：基础奖金 5000 元＋超额完成奖金（超出部分销售额的 2%，即 (300−250)×2%=10 万元）

总计：5000 元 +10 万元 =10.5 万元

2. 周梅

销售额：250 万元，完成率 100%

奖励：基础奖金 5000 元

总计：5000 元

3. 吴刚

销售额：280 万元，完成率 110%

奖励：基础奖金 5000 元＋超额完成奖金（超出部分销售额的 1%，即 (280−250)×1%=3 万元）

总计：5000 元 +3 万元 =3.5 万元

4. 郑洁

销售额：220 万元，完成率 90%

奖励：无基础奖金，但给予鼓励奖 500 元

总计：500 元

二、额外休假

……

6.2.3　用 AI 进行 360 度反馈

360 度反馈是一种多维度的评价方法，AI 可以通过分析来自不同层面的反馈（上级、同事、下属等）综合评定员工的绩效，帮助员工全方位了解自身表现。

扫码观看教学视频

例如，AI 能根据提供的相关资料，收集某员工各层级的反馈，并生成报告帮助员工全面了解自己的优势和改进空间。用户只需要在橙篇的输入框中上传员工的相关资料，并发送指令，即可指导 AI 进行 360 度反馈。案例指令及回复内容如下。

指令

根据上传的文档，收集员工［韩梅梅］的 360 度反馈，分析并生成综合绩效评估报告

橙篇

韩梅梅综合绩效评估报告

一、基本信息

员工姓名：韩梅梅

职位：项目经理

部门：研发部

报告周期：2025 年第二季度（4 月 1 日～6 月 30 日）

二、绩效概述

韩梅梅在本季度中展现出了卓越的工作表现，成功领导并按时完成了 × 项目，获得了客户的高度评价。此外，她还优化了团队的工作流程，显著提高了团队效率达 20%。尽管如此，在高压环境下，韩梅梅有时决策过于迅速，需要更多地考虑长期影响，这是她需要改进的领域。

三、360 度反馈分析

1. 上级评价

领导能力：韩梅梅展现出了卓越的领导能力，能够有效地指导团队并推动项目前进，评分为 4.5/5。

决策能力：在大多数情况下，韩梅梅的决策是明智和及时的，但在紧急情况下有时会过于急躁，评分为 4.0/5。

沟通能力：韩梅梅与上级的沟通清晰有效，能够及时反馈项目进展和潜在问题，评分为 4.8/5。

2. 同事评价

团队合作：韩梅梅在团队中扮演了积极的角色，乐于助人，能够促进团队合作，评分为 4.7/5。

专业知识：她在技术领域的专业知识深厚，经常为团队提供有价值的见解，评分为 4.9/5。

创新能力：韩梅梅能够提出创新的解决方案，帮助团队克服技术难题，评分为 4.6/5。

······

6.2.4 用 AI 优化绩效管理流程

AI 能够通过自动化的方式优化绩效管理流程，例如简化评估标

扫码观看教学视频

准、自动生成报表和反馈、实时跟踪工作进度等。这些措施能够提高绩效管理的效率，减少 HR 人为操作的错误。

　　用户只需要在橙篇的输入框中上传一份某公司的绩效管理流程方案，并发送指令，即可指导 AI 优化绩效管理流程。案例指令及回复内容如下。

指令

根据上传的文档，优化绩效管理流程，自动化生成报告并进行数据分析

橙篇

　　根据上传的《创新科技有限公司绩效管理流程方案》文档，我们可以提出以下优化建议，以实现绩效管理流程的自动化生成报告和数据分析：

　　绩效管理流程优化建议

　　1. 目标设定与分解

　　自动化工具：使用项目管理软件或企业内部系统，将年度目标自动分解为季度目标，并分配给相应的员工。

　　目标对齐：通过软件自动检查目标与公司战略的一致性，确保目标设定与公司整体方向相符。

　　2. 绩效评估标准

　　KPI 设定：利用数据分析工具预设 KPI 模板，根据职位自动填充相关 KPI。

　　行为标准评估：开发行为标准评估问卷，通过在线平台定期收集员工自评和上级评价。

　　3. 数据收集

　　定期检查自动化：通过集成数据收集系统（如 API 接口、数据爬虫），自动从公司系统中提取 KPIs 数据。

　　自我评估：通过内部平台提供员工自我评估界面，确保数据收集的及时性和便捷性。

　　4. 绩效评估

　　自动评分：使用算法根据预设的 KPI 和行为标准自动计算员工绩效得分。

　　360 度反馈：通过在线平台收集同事评价，自动汇总并生成 360 度反馈报告。

5. 绩效面谈

面谈准备：利用数据分析工具生成面谈准备报告，包括员工绩效亮点、改进领域和建议的发展计划。

……

6.2.5 用 AI 设计年终奖机制

AI 能够根据员工的全年绩效表现和企业的整体业绩设计出个性化的年终奖机制。通过数据分析，AI 可以合理分配奖金，确保奖励的公平性和激励性。

扫码观看教学视频

例如，AI 可以通过分析某公司员工一年的绩效生成个性化的年终奖发放方案，并确保奖金额与员工的贡献相匹配。

用户只需要在橙篇的输入框中上传一份某公司的绩效数据文档，并发送指令，即可指导 AI 设计年终奖机制。案例指令及回复内容如下。

指令

根据上传的文档，了解公司员工全年绩效数据，设计个性化年终奖发放方案

橙篇

基于提供的文档中的全年绩效数据，以下是一个个性化年终奖发放方案的设计建议：

个性化年终奖发放方案

1. 基本原则

公平性：确保奖金分配与员工绩效直接相关，体现付出与回报的对等性。

激励性：通过奖金差异激发员工的积极性和创造性。

透明性：明确奖金分配标准，确保员工对分配结果有清晰的理解。

2. 分配依据

年度 KPI 完成率：反映员工完成工作任务的能力。

客户反馈评分：体现员工在服务客户方面的表现。

团队合作评分：衡量员工在团队协作中的贡献。

创新贡献：表彰员工在创新方面的努力和成果。

年度总评分：综合反映员工全年的工作表现。

3. 具体方案

A. 设定基础奖金池

根据公司整体盈利情况和年度预算，设定一个基础奖金池。

B. 分配比例

年度 KPI 完成率：占 40%

客户反馈评分：占 20%

团队合作评分：占 20%

……

6.3　员工考勤管理

考勤管理是绩效管理的重要组成部分，AI 的应用不仅能够简化考勤数据的管理，还具有智能化的出勤分析、排班优化等功能。本节主要介绍使用橙篇进行员工考勤管理的方法。

6.3.1　用 AI 生成考勤制度

AI 可以根据公司需求和法律规定自动生成合理的考勤制度，包括工作时间、请假规定、加班政策等。

例如，AI 可以为某公司生成基于公司规模和员工需求的考勤制度，并确保符合劳动法规定。案例指令及回复内容如下。

扫码观看教学视频

指令

现有一家公司（行业类型：信息技术），请根据公司规模（500 名员工）、员工需求（弹性工作时间，部分员工远程办公）和劳动法规定，生成合理的考勤制度，并确保符合劳动法要求

橙篇

信息技术公司考勤管理制度

第一条：目的与依据

为加强公司员工考勤管理，提高工作效率，确保公司正常运营，根据国家相

关法律法规，特别是《中华人民共和国劳动法》及其关于远程工作和弹性工作制的规定，结合公司实际情况，特制定本制度。

第二条：适用范围

本制度适用于公司全体员工，共计 500 名，包括正式员工、临时工及实习生。

第三条：基本原则

考勤管理应遵循公平、公正、公开的原则，确保员工的合法权益得到保障，同时满足企业的实际需求。

第四条：工时制度

1. 公司实行标准工时制度，每日工作时间不超过 8 小时，每周工作时间不超过 40 小时。

2. 对于需要弹性工作时间或远程办公的员工，双方应达成具体协议，并以书面形式或可获取的电子方式确认。协议内容包括但不限于起始日、正常工作日和工作时间（包括加班时间）、加班和假日工作规则、休假规则、工作范围以及雇主的控制和监督政策等。

第五条：弹性工作时间与远程办公

1. 弹性工作时间：员工在保障工作任务完成的前提下，可自由选择工作的具体时间安排，但需与公司相关部门协商确定，并报行政部门备案。

2. 远程办公：公司允许部分员工在营业场所以外的地方远程办公，或在员工住所工作，或使用信息技术手段在任何地点工作。远程办公的员工需遵守公司相关规定，保持与公司的有效沟通，并确保工作任务的按时完成。

第六条：打卡签到

……

6.3.2 用 AI 分析出勤模式

AI 能够根据历史考勤数据识别员工的出勤模式，包括缺勤率、迟到率等，为企业提供有价值的管理信息。

用户只需要在橙篇的输入框中上传员工的考勤数据，并发送指令，即可指导 AI 分析出勤模式并生成报告。案例指令及回复内容如下。

扫码观看教学视频

指令

根据上传的文档，分析员工［周杰］的考勤数据，识别出勤模式并生成报告

C　橙篇

周杰考勤数据分析报告

一、员工基本信息

员工姓名：周杰

职位：市场部专员

部门：市场部

报告周期：2025 年第 3 季度（7 月 1 日～9 月 30 日）

二、基础考勤数据概览

总工作日：62 天

出勤日数：58 天

缺勤日数：4 天（病假 2 天，事假 2 天）

三、月度出勤情况分析

7 月出勤情况

出勤日数：21 天

缺勤日数：2 天（未具体说明原因，但总缺勤中包含 2 天病假和 2 天事假，可能部分或全部为 7 月缺勤）

迟到次数：5 次

……

四、出勤模式识别

总体出勤率较高，达到 93.5%（58 天 /62 天），显示出周杰对工作有较高的投入度。

迟到问题在 7 月较为突出，但随后在 8 月和 9 月得到显著改善，表明周杰可能已采取措施调整作息或提高时间管理能力。

……

6.3.3　用 AI 预测员工缺勤

扫码观看教学视频

AI 可以通过历史考勤数据和员工的健康状况，预测员工未来的缺勤风险，帮助管理者提前做出应对措施。

例如，某公司可以通过 AI 预测员工的缺勤情况，提前为关键岗位准备替代人员，确保工作不受影响。

用户只需要在橙篇的输入框中上传员工的考勤数据和健康状况，并发送指令，即

可指导 AI 预测员工缺勤。案例指令及回复内容如下。

👤 指令

根据上传的文档，分析员工［孙悦］的考勤数据和健康数据，预测其未来缺勤风险

橙篇

根据提供的文档内容，我们可以对员工孙悦的考勤数据和健康数据进行分析，并尝试预测其未来缺勤风险。

考勤数据分析

从孙悦的考勤数据中，我们可以观察到以下几点：

1. 出勤情况：孙悦在 2025 年 7 月至 9 月平均每月出勤 22 天，缺勤 1 天，整体出勤情况相对稳定。

2. 迟到情况：孙悦在三个月内共有 6 次迟到，平均每月 2 次，这可能表明其时间管理能力或早晨起床习惯需要改进。

3. 提前离开和病假：孙悦在三个月内共有 1 次提前离开和 3 天病假，这表明她偶尔可能因健康问题或个人事务需要提前离开或请病假。

健康数据分析

孙悦的健康数据显示了一些潜在的健康问题：

……

未来缺勤风险预测

结合孙悦的考勤数据和健康数据，我们可以对其未来缺勤风险进行以下预测：

1. 健康因素：由于孙悦存在高血压、高胆固醇和超重等健康问题，她可能更容易生病或感到身体不适，从而增加请病假的风险。特别是如果她不积极采取措施改善这些健康状况，未来缺勤风险可能会进一步增加。

2. 生活习惯：孙悦的迟到情况表明，她可能存在一定的时间管理问题或不良的生活习惯。这些问题如果不加以改进，可能会影响她的工作效率和出勤率。

综上所述，孙悦的未来缺勤风险相对较高。为了降低这一风险，建议她积极采取措施改善健康状况，如调整饮食、增加运动、定期检查等，并努力改进时间管理能力和生活习惯。同时，公司也可以考虑提供健康促进计划和弹性工作制度等支持措施，以帮助员工保持健康和提高工作效率。

6.3.4　用 AI 优化排班计划

AI 可以根据员工的工作时间、偏好、法定假期等因素，自动优化排班计划，确保工作安排合理且不违反劳动法规定。

例如，某零售公司可以使用 AI 优化员工排班，避免员工过度加班，并提高员工的工作满意度。

用户只需要在橙篇的输入框中上传员工的排班计划，并发送指令，即可指导 AI 优化排班计划。案例指令及回复内容如下。

指令

根据上传的文档，分析员工的工作时长、假期、偏好等因素，优化排班计划

橙篇

根据上传的文档内容，对员工的工作时长、假期、偏好等因素进行分析，并优化排班计划，具体如下：

分析与优化建议

工作时长

全职员工：张三、李四、王五每周工作时间均未超过 40 小时，符合规定。

兼职员工：赵六的排班需确保其工作时长不超过合同约定的法定上限。

假期安排

……

排班优化建议

平衡工作与休息：确保每位员工都有足够的休息时间，避免连续工作多日导致疲劳。例如，张三在周一、周二、周五、周六工作，周三、周日休息，这样的安排较为合理。

考虑技能与任务匹配：根据员工的技能分配工作任务，以提高工作效率。例如，库存管理员王五在周三、周五、周六、周日工作，避开了其他员工的工作日，确保了库存管理工作的连续性。

增加灵活性：在排班计划中增加一定的灵活性，以应对突发事件或员工临时请假等情况。例如，可以设置备用员工或允许员工在特定条件下进行班次调换。

……

本章小结

本章主要通过实际案例和 AI 指令的结合，介绍了如何将 AI 技术应用于绩效考核管理的各个方面。首先，介绍了利用 AI 评估员工绩效的方法，包括设定和跟踪员工绩效目标，提升绩效管理效率；然后，介绍了用 AI 分析绩效数据、提供反馈及激励员工潜力的方法，帮助企业实现精准评估；最后，介绍了 AI 在考勤管理中的应用，优化员工管理流程。

课后实训

鉴于本章知识的重要性，为了帮助大家更好地掌握本章所学内容，本节将通过一个实训案例进行知识回顾和补充。

实训任务：使用橙篇预测一名销售经理的未来绩效，以便在年度评审中做出相应决策。相关指令及回复内容如下。

扫码观看教学视频

指令

请根据提供的信息，预测员工绩效，以便在年度评审中做出相应决策。员工的相关信息如下：

员工：[李杰]，岗位：[销售经理]，历史数据：[销售业绩增长 30%，客户满意度 95%，每月完成销售目标 110%]

橙篇

员工绩效预测报告

一、员工基本信息

姓名：李杰

岗位：销售经理

二、历史业绩数据分析

……

三、绩效预测

基于以上历史数据，我们可以对李杰的绩效进行如下预测：

1. 销售业绩：在未来一年中，李杰有望继续保持销售业绩的稳步增长。考虑到他过去一年的出色表现，以及当前市场环境的积极因素，预计他的销售业绩将实现至少 25% 的增长。

2. 客户满意度：由于李杰在客户服务方面的卓越表现，我们预测他的客户满意度将继续保持高水平。通过不断优化服务流程和提升服务质量，他有望进一步提高客户满意度，达到 98% 以上。

3. 销售目标完成率：李杰在过去一年中每月都能超额完成销售目标，因此我们有理由相信，在未来一年中，他将继续保持这一良好势头，每月销售目标完成率有望保持在 110% 以上。

四、年度评审决策建议

……

第7章　AI 设计薪酬福利

学习提示

　　智谱清言是提升人力资源管理效率的关键工具，利用智谱清言的 AI 技术可以帮助 HR 设计薪酬福利。本章将重点介绍如何通过 AI 赋能薪酬结构设计和福利计划管理，探索 AI 在薪酬数据分析、趋势预测、福利满意度评估等方面的创新应用，帮助 HR 实现更科学、精准的薪酬福利管理。

本章重点导航

◈ 薪酬结构设计

◈ 福利计划与满意度

7.1 薪酬结构设计

薪酬结构是企业吸引和留住人才的核心之一，AI 的介入使得薪酬设计更加精准、透明且高效。本节将探讨如何利用智谱清言设计合理的薪酬结构，并通过数据分析、优化薪酬政策。

7.1.1 用 AI 分析市场薪酬数据

在薪酬设计过程中，市场薪酬数据是重要的参考依据。通过 AI 技术，HR 可以快速收集和分析来自不同行业、不同地区、不同职位的薪酬数据。AI 算法能够识别薪酬趋势，比较不同公司间的薪酬差异，并预测未来的薪酬变化。这有助于企业制定出与市场相匹配的薪酬政策，吸引和保留人才。

扫码观看教学视频

用户可以进入智谱清言官网并登录账号，在输入框中输入指令，单击●按钮发送指令，指导 AI 分析市场薪酬数据。案例指令及回复内容如下。

🗨 指令

分析市场薪酬数据，提取互联网行业内各职位的平均薪酬，并生成行业对比分析报告

◎ 智谱清言

根据搜索结果，我们可以提取互联网行业内各职位的平均薪酬，并生成行业对比分析报告。以下是对互联网行业薪酬数据的分析：

1. 薪酬增长率和离职率

薪酬增长率：根据中国薪酬网的数据，2024 年互联网行业各职能部门的薪酬增长率如下：

人力资源部（HR）：7.3%

财务部门（FA）：3.4%

销售部门（SA）：7.7%

技术部门（RD）：2.9%

管理部门（PD）：6.3%

物流部门（LO）：6.3%

行政部门（OA）：3.9%

市场部门（MK）：9.5%

离职率：互联网行业各职能部门的离职率如下：

人力资源部（HR）：16.2%

财务部门（FA）：13.1%

销售部门（SA）：28.7%

管理部门（RD）：15.6%

行政部门（OA）：15.6%

市场部门（MK）：19.5%

2. 薪酬水平

不同职位薪酬：根据中国薪酬网的数据，互联网行业部分职位的年度薪酬如下：

人力资源部：4,091 元

财务部门：3,426 元

销售部门：2,596 元

技术部门：3,812 元

管理部门：3,481 元

3. 薪酬福利

……

7.1.2 用 AI 设计薪酬结构

基于市场薪酬数据，AI 可以帮助 HR 设计灵活多样的薪酬结构，包括基本薪资、绩效奖金、年终奖等。通过 AI 对历史薪酬数据的学习，系统可以智能推荐不同职位的薪酬比例，优化薪酬结构，避免薪资过高或过低的问题。

扫码观看教学视频

例如，某公司在进行薪酬结构设计时，可以通过 AI 对过去 3 年的员工数据（包括岗位类别、绩效评估结果等）进行分析，发现部分岗位（如销售类岗位）在奖金和提成上与其他部门的差距，让 AI 智能推荐调整方案，设计一个更加平衡的薪酬结构，帮助提升整体员工满意度。

用户可以在智谱清言输入框中上传员工数据，并输入相应指令，单击 按钮发送指令，指导 AI 设计薪酬结构，具体操作如下。

步骤 01 在智谱清言输入框的左侧，❶单击 按钮；❷在弹出的列表框中选择"本地文件选择"选项，如图 7-1 所示。

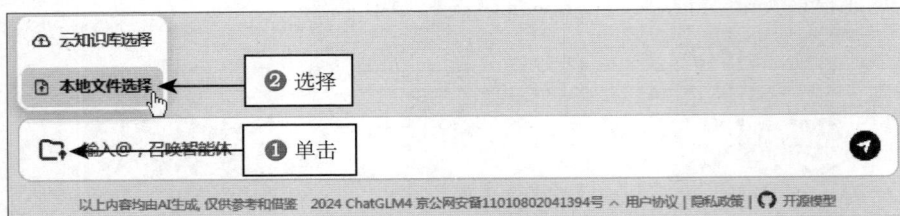

图 7–1 选择"本地文件选择"选项

步骤 02 弹出"打开"对话框，选择需要上传的文档，如图 7-2 所示。

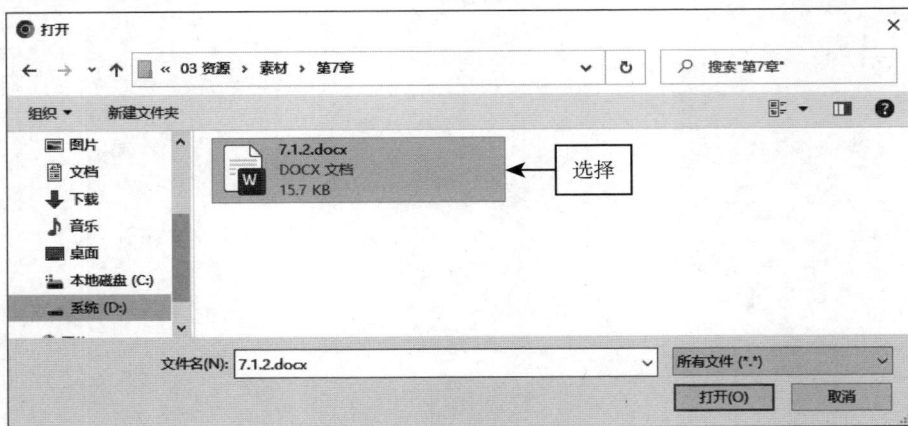

图 7–2 选择需要上传的文档

步骤 03 单击"打开"按钮，即可上传选择的文档，并显示在输入框中，如图 7-3 所示。

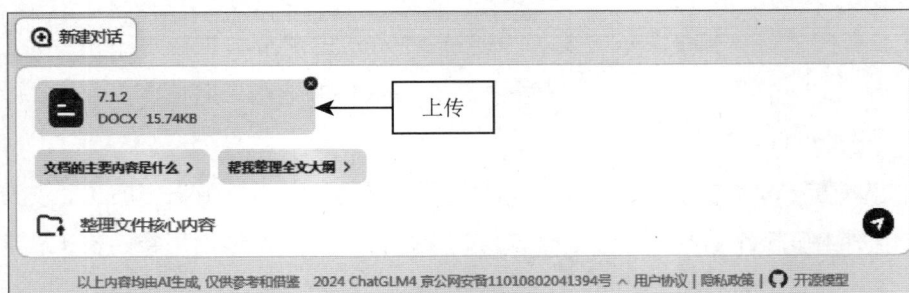

图 7–3 上传选择的文档

步骤 04 输入相应的指令，单击 按钮发送指令，指导 AI 设计薪酬结构。相关指令及回复内容如下。

指令

> 根据上传的文档，分析过去 3 年不同岗位、薪资、绩效、年终奖等数据，重新设计一个更加平衡的薪酬结构，并生成薪酬建议

智谱清言

根据提供的文档，我们可以看出明日科技有限公司在过去三年中，不同岗位的薪酬结构存在以下问题：

• 销售岗位薪资增长最快，但绩效奖金占比也最高。这可能意味着销售人员的固定薪资较低，主要依赖绩效奖金提高收入。这种模式可能导致销售人员过度关注短期业绩，而忽视长期客户关系建设。

• 研发岗位薪资水平最高，但增长速度较慢。这可能表明公司对研发人员的重视程度不够，或者研发人员的薪酬增长机制不够完善。

• 客服岗位薪资水平最低，增长速度也较慢。这可能导致客服人员流动性较大，影响服务质量。

薪酬结构优化建议

为了使薪酬结构更加平衡，可以考虑以下优化措施：

1. 调整基本薪资和绩效奖金比例：

• 降低销售岗位绩效奖金占比，提高基本薪资。这样可以减少销售人员对短期业绩的过度依赖，鼓励他们关注客户关系建设和长期发展。

• 提高研发岗位基本薪资，并建立更加完善的绩效考核机制。这样可以体现公司对研发人员的重视，并激发他们的创新潜力。

• 适当提高客服岗位薪资水平，并建立绩效考核机制。这样可以提高客服人员的满意度和忠诚度，提升服务质量。

2. 建立多元化的薪酬结构：

……

7.1.3 用 AI 预测薪酬趋势

预测薪酬趋势对企业长期规划至关重要。AI 可以通过分析历史数据和当前市场状况，预测未来的薪酬变化，帮助企业提前做好准备。

扫码观看教学视频

例如，某制造公司使用 AI 工具可以预测未来五年内的薪酬增长趋势，并据此调整长期的薪酬规划，确保公司在激烈的人才竞争中保持优势。

用户可以参考 7.1.2 小节中的操作，在智谱清言的输入框中上传行业历史薪酬和薪酬规划文档，并发送指令，指导 AI 预测薪酬趋势。案例指令及回复内容如下。

指令

根据上传的文档，了解制造行业的历史薪酬数据和公司原本的薪酬规划，预测未来 5 年内本行业（制造行业）的薪酬增长趋势，并根据预测结果调整公司的薪酬规划

智谱清言

根据您提供的文档，我们可以分析制造业的薪酬趋势并调整智造未来有限公司的薪酬规划，以适应未来 5 年的发展：

制造业薪酬趋势预测：

1. 整体增速放缓：文档指出，2024 年制造业薪酬和年终奖涨幅将趋于放缓。未来 5 年，预计这种趋势将持续，但增速不会完全停滞。

2. 结构性差异：生物药研发、创新药研发和医疗器械研发等细分领域的薪酬涨幅将高于平均水平，这些领域需要高技能人才，竞争激烈。

3. 时代差异：不同时代间的薪酬涨幅预期主要集中在 5%—10%（含 10%）。

智造未来有限公司薪酬规划调整建议：

一、薪酬结构：

1. 基本工资：跟随地区最低工资标准调整，确保合规性。

2. 岗位工资：

初级工程师：鉴于市场竞争力较弱，建议将初级工程师的岗位工资提高至市场平均水平（3500 元 / 月）或略高于平均水平，以吸引人才。

中级工程师：维持现有水平（4500 元 / 月），与市场平均水平持平。

高级工程师：考虑到市场竞争力较强，建议将高级工程师的岗位工资提高至市场平均水平（6500 元 / 月）或略高于平均水平，以留住人才。

3. 绩效工资、年功工资、职称工资、加班补贴：维持现有方案。

……

7.1.4 用 AI 优化薪酬政策

AI 通过对历史薪酬数据的分析，能够发现薪酬体系中的不合理之

扫码观看教学视频

处，并提供优化方案。AI 还可以根据不同部门、不同职位的市场需求和企业目标，智能推荐调整薪酬的政策，以提升员工满意度和公司竞争力。

例如，某公司通过分析不同部门的薪酬数据，发现研发部门的薪酬涨幅低于市场水平，造成部分员工流失率较高，现需 AI 根据历史薪酬数据和员工流失率，为公司分析薪酬政策的优化空间，并生成优化建议。

用户可以在智谱清言的输入框中上传相关资料，并发送指令，指导 AI 优化薪酬政策。案例指令及回复内容如下。

指令

根据上传的文档，了解公司不同部门的历史薪酬数据和员工流失率，为公司分析薪酬政策的优化空间，并生成优化建议

智谱清言

根据提供的文档，我们可以看到创新科技有限公司不同部门的薪酬增长率和员工流失率存在差异。以下是对公司薪酬政策的分析以及优化建议：

一、薪酬政策分析

研发部：薪酬增长率低于市场平均水平，且员工流失率上升。这表明研发人员的薪酬缺乏竞争力，可能导致人才流失。

市场部：薪酬增长率与市场持平，员工流失率稳定。说明市场部的薪酬政策较为合理，能够留住员工。

销售部：薪酬增长率略高于市场，员工流失率有所下降。这表明公司对销售人员的激励机制较为有效，能够激励员工提升业绩并留住人才。

客服部：薪酬增长率高于市场，员工流失率稳定。说明公司重视客服部门，并通过较高的薪酬水平吸引和留住员工。

二、优化建议

1. 研发部：

提高薪酬增长率：将研发人员的薪酬增长率提高到市场平均水平以上，增强对人才的吸引力。

建立薪酬激励体系：根据研发人员的绩效考核结果建立薪酬激励体系，以鼓励员工创新和提升技术水平。

……

7.1.5 用 AI 设计保底薪酬

在薪酬设计中，保底薪酬是确保员工基本收入的重要部分。AI 可以根据市场情况和公司财务状况自动计算出合理的保底薪酬，并确保在不影响公司财务状况的前提下，为员工提供保障。

扫码观看教学视频

例如，在经济不稳定的时期，某公司希望保障员工的基本收入。现需 AI 分析公司的财务数据，并结合行业薪酬水平，设计一项保底薪酬计划，通过这一计划，公司希望能确保员工在公司盈利困难时，依然能够获得合理的薪酬保障。

用户可以在智谱清言的输入框中上传相关资料，并发送指令，指导 AI 设计保底薪酬。案例指令及回复内容如下。

指令

根据上传的文档，分析公司的现有员工数量、薪资状况、财务数据和行业薪酬水平，设计一项保底薪酬计划，以确保员工在公司盈利困难时，依然能够获得合理的薪酬保障

智谱清言

基于提供的文档信息，稳健发展有限公司在员工数量、薪资状况、财务数据以及行业薪酬水平方面呈现出以下特点：

员工数量庞大，结构复杂：公司拥有超过 500 名员工，涵盖高级管理、中层管理、技术研发、市场营销、客户服务和行政支持等多个职位类别。

薪酬水平与市场基本持平：公司各职位类别的平均月薪与行业平均水平相近，说明公司在薪酬方面具有一定的竞争力。

财务状况良好：公司年营业收入 5 亿元，年营业利润 1 亿元，资产负债率 40%，现金流充裕，说明公司整体财务状况较为稳健。

为了在盈利困难时保障员工薪酬，可以考虑以下保底薪酬计划设计：

1. 建立薪酬调整机制：

绩效挂钩：将员工薪酬与个人或团队绩效挂钩，根据公司业绩和个人表现进行动态调整。

利润分享：在公司盈利情况下，设立利润分享机制，将部分利润分配给员工，提高员工收入。

成本控制：在公司盈利困难时，采取成本控制措施，例如冻结涨薪、控制招

聘等，确保公司运营稳定。

……

7.1.6　用 AI 设计提成结构

AI 可以帮助企业设计多元化的提成结构，根据员工的工作表现、部门目标和公司业绩来设置提成比例。AI 还能够通过实时监控数据，调整提成政策，激励员工最大化工作表现。

扫码观看教学视频

例如，某销售团队的提成结构基于个人销售业绩，但团队整体业绩提升较为缓慢。需要 AI 设计一份团队提成结构方案，鼓励团队协作，提升整体业绩。

用户可以在智谱清言的输入框中上传相关资料，并发送指令，指导 AI 设计提成结构。案例指令及回复内容如下。

指令

根据上传的文档，分析公司员工销售数据和部门目标、团队业绩，设计动态提成结构（包括个人提成、团队提成、业绩激励等），并调整提成比例，以激励员工达成目标

智谱清言

根据提供的文档，卓越销售有限公司团队整体业绩良好，但个人业绩存在差距。以下方案旨在通过动态提成结构，激励员工达成个人和团队目标：

一、提成结构

1. 基础提成：

设定一个基础销售目标，例如 100 万元。

达到基础目标后，按销售额的 5% 计算基础提成。

2. 阶梯提成：

在基础目标之上，设定阶梯式提成比例，鼓励员工超额完成目标。

例如，销售额为 100 万～ 150 万元，提成比例为 7%；150 万～ 200 万元，提成比例为 8%；以此类推。

3. 个人业绩奖励：

按照个人业绩排名，给予前 3 名员工额外的奖励，例如第 1 名 2000 元，第 2 名 1500 元，第 3 名 1000 元。

4. 团队提成：

团队完成月度目标后，按团队销售额的 2% 计算团队提成，并平均分配给每位团队成员。

......

7.2 福利计划与满意度

除了薪酬结构，福利计划也是人力资源管理中的一个重要组成部分。福利计划的设计不仅影响员工的工作满意度，也关乎企业的长期发展。本节将介绍如何利用 AI 设计员工福利计划，评估福利的满意度，并优化福利方案，提升员工的工作积极性。

7.2.1 用 AI 设计福利计划

员工福利计划方案的设计需要综合考虑企业的财务状况、员工的需求和偏好等因素，它直接影响员工的满意度和忠诚度。AI 可以帮助企业分析员工的福利需求，设计出更符合员工期望的福利计划。

扫码观看教学视频

例如，某家大型零售企业通过 AI 分析员工对不同福利项目的偏好，基于这些信息，企业调整其福利计划，提高员工的满意度。

用户可以在智谱清言的输入框中上传相关资料，并发送指令，指导 AI 设计员工福利计划方案。案例指令及回复内容如下。

指令

根据上传的文档，分析员工对不同福利项目的偏好，并设计一个包含灵活工作安排和健康保险的综合福利方案

智谱清言

根据提供的文档，我们可以看到员工对不同福利项目的偏好分布如下：

1. 最受欢迎的福利项目：健康保险（45%）和退休金计划（35%）。

2. 次受欢迎的福利项目：带薪休假（25%）和教育培训（20%）。

3. 其他福利项目：健身房会员（15%）、交通补贴（10%）、餐饮补贴（8%）、家庭关怀（5%）和股票期权（3%）。

基于以上分析，我们可以设计一个包含灵活工作安排和健康保险的综合福利方案，以满足员工的主要需求并提升员工满意度。

方案核心：

1. 灵活安排工作：

弹性工作时间：允许员工在一定范围内选择上下班时间，例如核心工作时间制度 (上午 10 点至下午 3 点)。

远程工作：允许员工在特定情况下远程工作，例如每周固定天数或在特殊情况下。

弹性假期：提供额外的带薪假期，例如生日假、志愿者假等。

2. 健康保险：

……

7.2.2　用 AI 评估福利满意度

扫码观看教学视频

员工对福利计划的满意度直接影响其工作表现和留任意愿。AI 可以通过问卷调查和数据分析，评估员工对福利计划的满意度，并据此进行调整。

例如，某公司对员工进行了福利满意度问卷调查，需要 AI 分析问卷调查结果，评估员工对福利的总体满意度，并为公司提供福利调整建议。

用户可以在智谱清言的输入框中上传相关资料，并发送指令，指导 AI 评估福利满意度。案例指令及回复内容如下。

指令

根据上传的文档，分析问卷调查结果，评估员工对福利的总体满意度，并为公司提供福利调整建议

智谱清言

一、总体满意度评估：

根据问卷调查结果，创新科技有限公司员工对福利的整体满意度较高。大部分福利项目获得了"满意"或"非常满意"的评价，尤其在健康保险、带薪休假和退休金计划方面表现出较高的满意度。这表明公司现有的福利体系能够满足员工的基本需求，并为员工提供一定的保障和激励。

二、具体分析：

1. 高度满意福利：健康保险、带薪休假和退休金计划是员工满意度最高的福利项目。这反映了员工对健康保障、休息时间和未来规划的重视。

2. 满意度一般福利：教育培训、健身房会员、交通补贴、餐饮补贴和家庭关怀的满意度处于中等水平。员工对这些福利项目的需求存在差异，公司可以考虑根据员工的具体情况进行调整和优化。

3. 满意度较低福利：股票期权的满意度相对较低。这可能与员工对股票市场的风险认知、公司发展前景的预期以及对自身收益的评估有关。

三、福利调整建议：

1. 保持优势福利：继续保持健康保险、带薪休假和退休金计划的优势，并根据市场变化和员工需求进行适当调整，例如提高保险额度、增加休假天数或提供更灵活的退休金选择。

2. 优化中等满意度福利：

教育培训：了解员工的具体需求，提供更具针对性和实用性的培训课程，并鼓励员工积极参与。

健身房会员：考虑提供更多种类的健身项目或与更多健身房合作，以满足不同员工的健身需求。

交通补贴：根据员工的通勤距离和交通方式，制定更合理的补贴标准。

……

7.2.3 用 AI 管理健康保险

健康保险是员工福利计划的重要组成部分。AI 可以帮助企业分析员工的健康数据，设计出更符合员工需求的健康保险计划，并监控保险费用，确保成本效益。

扫码观看教学视频

例如，某公司统计了员工健康数据，需要 AI 根据这些健康数据调整其保险计划，提供更加全面的医疗保障，确保员工得到更好的健康支持。

用户可以在智谱清言的输入框中上传相关资料，并发送指令，指导 AI 管理健康保险。案例指令及回复内容如下。

指令

根据上传的文档，了解员工的健康档案和需求，自动生成健康保险计划方

案，并提供管理与调整建议

智谱清言

根据您提供的员工健康档案和需求报告，以下是一个初步的健康保险计划方案，以及相应的管理与调整建议：

一、健康保险计划方案

1. 基础医疗保险：

疾病覆盖：选择覆盖范围广泛的基础医疗保险计划，包括住院、门诊、手术、药品等，以应对员工日常疾病风险。

年度体检：将年度体检纳入保险计划，满足 50% 员工的需求，并有助于早期发现和预防疾病。

2. 附加险种：

重大疾病保险：为员工提供重大疾病保险保障，减轻重大疾病带来的经济负担。

意外伤害保险：考虑员工工作性质和潜在风险，提供意外伤害保险保障。

3. 健康促进与福利：

健康讲座和课程：定期组织健康讲座和课程，涵盖健康饮食、运动健身、心理健康、压力管理等主题，满足员工多样化的健康需求。

健身设施或健身课程补贴：为员工提供健身设施或健身课程补贴，鼓励员工积极参与运动，改善健康状况。

心理健康咨询：提供专业的心理健康咨询服务，帮助员工应对工作压力和生活挑战。

二、管理与调整建议

……

7.2.4 用 AI 识别员工福利需求

通过分析员工的个人数据、工作表现和反馈，AI 能够帮助企业更精准地识别员工的福利需求。AI 不仅可以为员工提供个性化的福利选择，还能帮助企业在预算范围内做出最佳决策。

例如，利用 AI 分析某公司员工的家庭结构、工作年限及个人兴趣，可以识别出某些员工对带薪休假和弹性工作安排是否有较高需求，基于这些需求，AI 可以生成个

扫码观看教学视频

性化福利推荐，帮助 HR 制订适应员工需求的福利方案。

用户可以在智谱清言的输入框中上传相关资料，并发送指令，指导 AI 识别员工福利需求。案例指令及回复内容如下。

指令

根据上传的文档，分析员工的基本信息，识别员工的福利需求，并生成定制化福利建议

智谱清言

基于提供的员工基本信息数据，我们可以初步分析员工的结构特征，并针对不同群体提出定制化福利建议。

1. 员工结构特征分析：

年龄分布：员工年龄跨度较大，从 28 岁到 45 岁不等，呈现出多元化的年龄结构。

婚姻状况：员工婚姻状况以已婚为主，其中部分员工拥有子女。

工作年限：员工工作年限分布不均，既有经验丰富的老员工，也有刚入职的新员工。

个人兴趣：员工个人兴趣广泛，涵盖旅游、阅读、健身、烹饪、高尔夫球、钓鱼、音乐、摄影等多个方面。

2. 福利需求识别：

已婚有子女员工：

子女教育：他们可能需要子女教育相关的福利，例如学费补贴、课外辅导班补贴等。

家庭关怀：他们可能需要更多的弹性工作时间，以便照顾家庭，例如远程办公、弹性假期等。

健康保障：他们可能需要更全面的健康保险，例如补充医疗保险、定期体检等。

已婚无子女员工：

个人成长：他们可能更关注个人职业发展和技能提升，例如提供培训机会、职业规划指导等。

休闲娱乐：他们可能需要更多休闲娱乐方面的福利，例如健身房会员、电影

票补贴等。

单身员工：

个人发展：他们可能更关注个人发展和兴趣爱好，例如提供学习资源、组织社团活动等。

社交活动：他们可能需要更多社交活动方面的福利，例如公司组织的团建活动、社交俱乐部等。

3. 定制化福利建议：

……

7.2.5　用 AI 优化退休金计划

退休金计划是员工福利中的重要组成部分。AI 可以通过分析员工的年龄、工作年限、收入水平等数据，帮助企业设计科学合理的退休金方案，并根据市场变化做出调整。

扫码观看教学视频

例如，利用 AI 分析不同年龄段员工的退休金需求，并结合市场趋势，为 HR 提出退休金支付结构建议。

用户可以在智谱清言的输入框中上传相关资料，并发送指令，指导 AI 优化退休金计划。案例指令及回复内容如下。

指令

根据上传的文档，了解员工的工作年限和收入水平，分析不同年龄段员工的退休金需求，设计个性化的退休金计划，并提供年度调整建议

智谱清言

根据提供的员工信息，我们可以进行以下分析：

一、年龄段分布

文档中员工的年龄分布在 30 岁到 45 岁，涵盖了青年、中年和部分老年员工。这表明公司需要考虑不同年龄段员工的退休金需求，并制定差异化的退休金计划。

二、工作年限与收入水平

员工的工龄和收入水平差异较大，从 8 年到 25 年不等，年薪从 35 万元到 70 万元不等。这表明员工的退休金需求也各不相同，需要根据其工作年限和收入水

平进行个性化设计。

三、退休金需求分析

1. 青年员工（30—35 岁）：

工作年限较短，收入水平相对较低。

退休金需求主要集中在未来 20—30 年。

建议提供较低的退休金缴存比例，并提供灵活的投资选择，以便员工根据自身情况进行调整。

2. 中年员工（35—45 岁）：

工作年限较长，收入水平相对较高。

退休金需求主要集中在未来 10—20 年。

建议提供较高的退休金缴存比例，并提供稳健的投资选择，以保证资金安全和一定的收益。

3. 老年员工（45 岁以上）：

工作年限较长，收入水平较高。

退休金需求主要集中在未来 5—10 年。

建议提供最高的退休金缴存比例，并提供保守的投资选择，以保证资金安全和流动性。

……

7.2.6 用 AI 生成每月团建方案

扫码观看教学视频

员工团建活动是提升团队凝聚力和员工满意度的重要手段。AI 可以根据团队特点和员工偏好，自动生成每月的团建活动方案，并根据参与情况提出改进建议。

例如，利用 AI 分析某公司员工的兴趣爱好和过去的团建活动反馈，可以生成一份结合运动和娱乐的团建方案，以保持员工的兴趣。

用户可以在智谱清言的输入框中上传相关资料，并发送指令，指导 AI 生成每月团建方案。案例指令及回复内容如下。

指令

根据上传的文档，了解员工兴趣和团队特点，生成每月团建活动方案，方案需结合运动和娱乐，并需要提供优化建议

智谱清言

　　根据活力创新科技有限公司提供的员工兴趣和团队特点数据，以下为每月团建活动方案建议，旨在结合运动和娱乐，并优化团队凝聚力。

　　一、活动方案

　　1. 运动健身类

　　4 月：春季运动会 - 组织公司内部运动会，设立篮球、足球、羽毛球、乒乓球等比赛项目，鼓励各部门参与，增强团队协作和竞争意识。

　　6 月：水上运动会 - 选择适合的地点进行水上运动会，如皮划艇、游泳比赛、水球等，感受夏日清凉，增进同事间感情。

　　8 月：户外徒步 / 露营 - 组织户外徒步或露营活动，欣赏自然风光，挑战自我，培养团队合作精神。

　　10 月：秋季运动会 - 再次组织公司内部运动会，增加趣味运动项目，如拔河、接力赛等，营造欢乐氛围。

　　12 月：滑雪 / 滑冰 - 组织滑雪或滑冰活动，体验冬季运动乐趣，增进员工之间的互动。

　　2. 阅读写作类

　　3 月：读书分享会 - 选择一本与公司文化或行业发展相关的书籍，组织员工进行阅读和分享，提升员工专业素养。

　　……

本章小结

　　本章首先介绍了 AI 在薪酬结构设计中的应用，包括用 AI 分析市场薪酬数据、分析和设计薪酬结构等；然后，介绍了 AI 在员工福利计划与满意度方面的作用，如用 AI 设计福利计划和评估福利满意度等。帮助大家理解如何通过 AI 技术优化人力资源管理中的薪酬福利体系，提升企业的竞争力，确保薪酬福利能够更加符合员工需求，提高员工满意度和忠诚度。

课后实训

　　鉴于本章知识的重要性，为了帮助大家更好地掌握本章所学内容，本节将通过一个实训案例进行知识回顾和补充。

实训任务：使用智谱清言，为某家出版社设计年终奖发放制度。相关指令及回复内容如下。

指令

某家出版社的编辑每人每年能出 10 本至 15 本书，基于编辑每年的业绩和工作年限，请设计一份年终奖发放制度

智谱清言

以下是一份年终奖发放制度的设计方案：

一、年终奖发放原则

1. 公平性：确保每位编辑根据其业绩和工作年限获得相应的年终奖。

2. 激励性：鼓励编辑提高工作效率，提升图书质量。

3. 可持续性：确保年终奖制度的长期实施，不影响出版社的正常运营。

二、年终奖发放标准

1. 基础奖金：每人每年 10000 元。

2. 业绩奖金：根据编辑完成的图书数量和质量进行发放。

三、业绩奖金计算方法

1. 图书数量奖金：

……

第**8**章　AI 强化劳动关系

学习提示

　　劳动关系是人力资源管理中的核心要素之一，对于企业的稳定和发展具有重要意义。本章将深入探讨 AI 如何赋能人力资源管理，特别是在劳动关系和员工关系维护方面，利用讯飞星火帮助 HR 更有效地管理劳动合同、监控法规变化、分析劳动争议案例以及维护员工关系、调节员工矛盾等，增强劳动关系管理的各个环节，为企业提供智能化解决方案。

本章重点导航

◈ 劳动合同管理

◈ 员工关系维护

8.1 劳动合同管理

劳动合同是规范员工与企业之间权利和义务的重要法律文件。通过 AI 技术，HR 能够更加高效、准确地管理劳动合同，确保其合规性并及时应对法律变动。本节主要介绍 AI 在劳动合同管理中的具体应用。

8.1.1 用 AI 生成劳动合同

传统上，编写劳动合同往往需要耗费大量人力，且容易出现疏漏。利用 AI，尤其是讯飞星火的自然语言处理和法律文书生成能力，HR 可以根据不同岗位、工作内容和企业政策，自动生成合规的劳动合同。

用户可以进入讯飞星火官网并登录账号，在输入框中输入指令，单击 ⬆ 按钮发送指令，指导 AI 生成劳动合同。案例指令及回复内容如下。

指令

> 请根据以下需求自动生成一份符合国家劳动法的劳动合同：员工姓名、岗位、工作地点、薪酬待遇、工作时长、社会保险、违约条款

讯飞星火

> 劳动合同
>
> 甲方（雇主）：××××××××××
>
> 住所：××省××市××区××路××号
>
> 统一社会信用代码：××××××××××××××××
>
> 电话号码：×××××××××××
>
> 乙方（员工）：××
>
> 身份证号码：××××××××××××××××××
>
> 住所：××省××市××区××路××号
>
> 电话号码：×××××××××××
>
> 鉴于《中华人民共和国劳动法》和相关法律法规的规定，甲、乙双方在自愿、平等、协商一致的基础上订立本合同，以明确双方的权利与义务。
>
> 一、岗位与职责
>
> 1.1 乙方自合同生效之日起担任甲方公司的软件工程师。

　　1.2 乙方负责按照甲方的要求进行软件开发、测试和维护工作，确保软件质量和性能符合甲方设定的标准。

　　1.3 乙方需遵守甲方的工作规程和操作标准，完成由甲方指定的项目任务，并保证交付的软件产品无重大缺陷。

　　……

8.1.2　用 AI 监控劳动法规变化

　　劳动法规经常会发生变化，HR 需要及时了解并应对这些变化，确保合同内容的合规性。通过讯飞星火，HR 可以监控劳动法规的变化，及时提醒相关责任人进行合同更新。案例指令及回复内容如下。

扫码观看教学视频

指令

请分析近一个月内全国劳动法规的变动情况，并提取与员工合同管理相关的所有变化

讯飞星火

　　近一个月内，全国劳动法规并未发生显著的变动。

　　……

　　关于与员工合同管理相关的所有变化，由于具体的法律文本尚未公布，因此无法详细列出所有的修改内容。但根据以往的经验，此类修改通常会涉及以下几个方面：

　　1. 合同订立与履行：可能会对劳动合同的订立程序、必备条款、合同期限等方面进行修订，以更好地保护劳动者和用人单位的合法权益。

　　2. 试用期规定：可能会对试用期的长度、工资标准、解除条件等进行调整，以确保试用期内的权益得到保障。

　　3. 经济补偿与赔偿：可能会对经济补偿的标准、计算方法以及赔偿范围进行修订，以适应当前经济形势和劳动关系的变化。

　　4. 特殊群体保护：可能会加强对女职工、未成年工人、残疾人等特殊群体的保护，确保他们在劳动合同中的权益不受侵害。

　　5. 法律责任：可能会加大对违反劳动合同法行为的处罚力度，提高违法成本，从而促进劳动合同制度的完善和执行。

请注意，以上内容仅为基于以往经验的可能性分析，并非本次修改的具体内容。为了了解最新的劳动合同法变动情况，建议关注官方发布的法律文本和相关解读。

另外，虽然全国劳动法规未发生显著变动，但各地可能会根据实际情况出台一些地方性的劳动政策或实施细则，这些也可能对员工合同管理产生影响。因此，企业在进行员工合同管理时，还需要关注所在地区的最新政策动态。

8.1.3 用 AI 分析劳动争议案例

劳动争议是 HR 面临的常见问题，通过 AI 技术，HR 能够快速分析大量历史案例，提炼出有效的应对策略，减少未来类似争议的发生。

扫码观看教学视频

例如，某公司的一名软件工程师在职 4 年了，公司在调整组织结构时，误将其职位取消，公司提出将其转岗至客户服务部门，但该员工认为新职位与他的专业技能和职业发展不符，因此拒绝接受，随后公司以不服从安排为由与该员工解除劳动合同。现需 AI 分析历史劳动争议案例，提供相应的预防措施建议。

用户可以在讯飞星火的输入框中输入指令，单击 ↑ 按钮发送指令，指导 AI 分析劳动争议案例。案例指令及回复内容如下。

指令

某公司误将一名在职 4 年的软件工程师的职位取消，该员工拒绝接受公司提出的转岗提议，公司想以不服从安排为由与该员工解除劳动合同。请根据历史劳动争议案例，分析其中的常见问题和解决方案，提供相应的预防措施建议

讯飞星火

在处理这类劳动争议时，需要遵循相关的法律规定。以下是对该情况的分析及建议：

常见问题分析：

1. 职位取消的合法性：公司是否有权单方面取消员工的职位？这通常取决于公司与员工签订的劳动合同条款以及公司的规章制度。如果合同中没有明确规定或公司的规章制度不支持这种做法，那么公司的行为可能违反了合同约定。

2. 转岗提议的合理性：公司提出的转岗是否合理？转岗是否与员工的专业技

能和工作经验相匹配？如果转岗明显不合理，员工有权拒绝。

3. 解除劳动合同的合法性：公司是否可以以不服从安排为由解除劳动合同？根据相关法律法规，除非员工严重违反劳动纪律或者公司规章制度，否则公司不能随意解除劳动合同。

4. 经济补偿：如果公司违法解除劳动合同，可能需要向员工支付经济补偿。

解决方案：

1. 协商解决：首先，公司应与员工进行充分沟通，了解员工的诉求，并尝试找到一个双方都能接受的解决方案。

……

8.1.4 用 AI 生成员工离职流程

员工离职是劳动关系管理中常见的复杂流程，涉及终止合同、资产回收、保密协议执行等多个环节。AI 可以帮助 HR 生成这些流程，提高工作效率并减少出错的可能性。案例指令及回复内容如下。

扫码观看教学视频

🖥 指令

某公司规定，员工离职需提前 30 天书面通知公司（试用期需提前 15 天通知），请根据公司规定和员工离职的不同原因，自动生成员工离职手续办理清单，包括所有相关文档和流程

🔥 讯飞星火

为了生成员工离职手续办理清单，我们需要考虑公司的具体规定以及员工离职的不同原因。以下是一个基本的离职手续办理清单模板，您可以根据实际情况进行调整：

员工离职手续办理清单

一、离职通知

1. 书面离职申请

- 提前 30 天（试用期内提前 15 天）提交书面离职申请。

- 离职申请书应包括以下内容：

  - 员工的姓名、部门、职位。

  - 离职日期。

- 离职原因（可选）。

- 其他需要说明的事项。

2. 面谈记录

与直接上级或人力资源部门进行离职面谈，了解离职原因及反馈意见。

二、工作交接

1. 工作交接清单

- 列出所有正在进行的工作项目和职责。

- 详细说明每个项目的进展情况、重要联系人及后续需要关注的事项。

2. 交接文件

......

8.2　员工关系维护

员工关系维护是人力资源管理的重要组成部分，良好的员工关系有助于提升员工满意度和忠诚度，进而提升整体工作效率。AI 技术在员工关系维护中，能够实时反馈、预测员工行为并调解员工矛盾等。本节主要介绍利用讯飞星火进行员工关系维护的方法。

8.2.1　用 AI 优化劳动关系策略

AI 能对员工行为、劳动市场等多维度数据进行分析，识别劳动关系潜在风险，帮助 HR 优化劳动关系策略。

扫码观看教学视频

例如，通过对员工的工作表现、出勤记录、沟通反馈等数据的分析，AI 能够识别出员工的不满情绪、工作压力大等潜在的劳动关系风险。基于这些数据，HR 可以提前采取措施，比如调整工作负荷、改善工作环境等，从而降低潜在的劳动争议风险。

用户可以在讯飞星火的输入框中上传相关资料，并输入相应指令，单击 按钮发送指令，指导 AI 优化劳动关系策略。具体操作如下。

步骤 01　在讯飞星火输入框的左侧，单击 按钮，如图 8-1 所示。

图 8-1 单击相应按钮

步骤 02 执行操作后，即可弹出相应按钮，单击"文档"按钮，如图 8-2 所示。

图 8-2 单击"文档"按钮

步骤 03 弹出"打开"对话框，选择需要上传的文档，如图 8-3 所示。

图 8-3 选择需要上传的文档

步骤 04 单击"打开"按钮，即可上传选择的文档，并显示在输入框中，如图 8-4 所示。

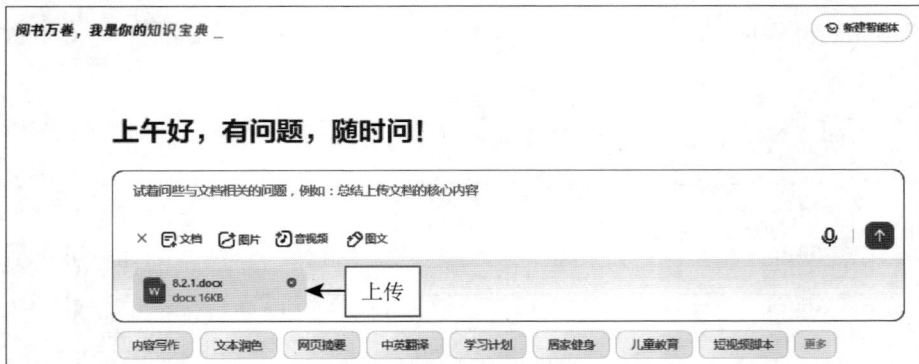

图 8-4　上传选择的文档

步骤 05 输入相应的指令，单击 ✛ 按钮发送指令，指导 AI 优化劳动关系策略。相关指令及回复内容如下。

指令

> 根据上传的文档，请分析公司各部门员工的工作表现、出勤情况和沟通反馈，识别出潜在的劳动关系问题，并提供相应的改善措施，优化劳动关系策略

讯飞星火

根据上传的文本内容，我们可以对公司各部门员工的工作表现、出勤情况以及沟通反馈进行详细分析，并识别潜在的劳动关系问题及提出相应的改善措施。以下是具体分析：

1. 工作表现：

- 从工作绩效评分来看，销售部的王强得分最高（90 分），表明其工作表现优秀；客服部的赵敏得分最低（80 分），可能需要进一步提升工作效率或质量。

……

潜在劳动关系问题及改善措施：

1. 工作压力与健康问题：张伟和赵敏的反馈显示工作压力较大，可能导致健康问题。改善措施包括合理调整项目截止日期，确保员工有足够的时间完成任务，同时提供心理健康支持和压力管理培训。

2. 团队合作与凝聚力：李娜的反馈指出需要增强团队凝聚力。可以通过定期组织团队建设活动和团队沟通训练来提升团队合作精神和凝聚力。

3. 激励机制：王强的建议表明需要更有吸引力的激励机制来提高工作积极

性。可以考虑实施绩效奖励计划，如销售提成或其他形式的奖金制度。

4. 培训需求：赵敏的反馈强调了对客户服务和沟通技巧培训的需求。公司应定期为员工提供专业培训，以提高他们的专业技能和服务质量。

5. 工作环境改善：孙丽反映的办公区域噪声问题影响了工作效率。公司应考虑改善办公环境，如安装隔音设备或调整办公室布局，创造一个更加安静和舒适的工作环境。

8.2.2　用 AI 分析员工满意度

员工满意度是衡量员工与公司关系的重要指标。通过 AI，HR 可以实时分析员工的满意度，及时发现潜在的问题，并采取有效的改进措施，防止问题恶化。

扫码观看教学视频

例如，某公司对员工进行了各项满意度问卷调查，调查结果已经统计在了一个文档中，需要 AI 分析问卷调查结果的各项数据，提取出员工满意度较低的部门和问题，并提出改进建议。

用户可以在讯飞星火的输入框中上传问卷调查结果文档，并输入相应指令，单击 按钮发送指令，指导 AI 分析员工满意度。案例指令及回复内容如下。

💬 指令

根据上传的文档，分析员工问卷调查的数据，提取出员工满意度较低的部门和问题，并提出改进建议

🔵 讯飞星火

根据上传的文本内容，员工满意度较低的部门和问题如下：

1. 满意度较低的部门：从数据中可以看出，客服部的满意度最低，平均满意度为 70%，其次是销售部，平均满意度为 75%。这两个部门的满意度低于或等于总体平均满意度（75%）。

2. 具体问题分析：

- 客服部：没有员工表示非常满意，且有较高比例的员工（15%）表示不满意，这可能意味着客服部在工作环境、工作压力、薪酬福利或职业发展等方面存在问题。

- 销售部：同样没有员工表示非常满意，而且有 40% 的员工表示满意度一般，

10% 的员工表示不满意，这表明销售部可能在工作挑战、业绩压力、客户关系管理或激励机制方面有待改进。

3. 改进建议：

- 客服部：公司应考虑对客服部进行工作环境的优化，提供更多的职业培训和发展机会，以及改善薪酬福利体系，以提高员工的满意度和忠诚度。

- 销售部：建议公司为销售部员工提供更多的销售技巧和产品知识培训，同时优化激励机制，如提供更具竞争力的提成方案或奖励计划，以激发员工的积极性和提高其工作满意度。

通过这些措施，公司可以期望提高员工的整体满意度，从而促进员工的工作效率和公司的长期发展。

8.2.3 用 AI 预测员工离职

通过 AI 分析员工的工作表现、满意度、参与度等因素，可以预测哪些员工有离职倾向，HR 可提前采取挽留措施或优化管理策略。

扫码观看教学视频

用户可以在讯飞星火的输入框中上传员工的基本信息、工作表现等相关资料，并输入相应指令，单击 ⬆ 按钮发送指令，指导 AI 预测员工离职。案例指令及回复内容如下。

📷 指令

根据上传的文档，分析员工的工作表现和反馈数据，预测哪些员工有离职风险，并提供个性化的挽留方案

🔵 讯飞星火

根据上传的文本内容，我们可以对员工的工作表现和反馈数据进行分析，以预测哪些员工存在离职风险，并为他们提供个性化的挽留方案。

离职风险分析：

1. 罗子涵—虽然技术能力强且绩效稳定，但近期参与度有所下降，且对职业发展路径不满意。这可能表明他对未来在公司的成长和晋升机会感到不确定或不满。

2. 周婷婷—市场活动参与积极，但客户满意度下降，且对工作资源分配不满意。她可能感觉没有得到足够的支持来实现自己的工作目标。

3. 王磊—销售业绩突出，但工作满意度调查得分较低，对工作压力和工作生活平衡不满意。高业绩伴随着高压可能使他考虑寻找更平衡的工作。

4. 曾萌—客户服务响应迅速，但工作满意度低，参与度不高，对工作认可和职业发展不满意。这表明她可能感觉自己的努力没有得到充分的认可和回报。

5. 张青青—工作稳定，但缺乏创新，对公司未来发展的参与度低，对工作内容和职业发展不满意。她可能觉得自己的潜力没有得到充分发挥。

挽留方案：

1. 罗子涵—提供一个清晰的职业发展路径和晋升机会，包括定期的技术培训和参与重要项目的机会，以提高其参与度和对公司的忠诚度。

2. 周婷婷—重新评估市场部门的资源分配，确保她能够获得必要的支持来提高客户满意度。同时，提供团队合作和领导力培训，增强团队协作。

……

8.2.4　用 AI 处理员工沟通反馈

员工沟通是维系企业内部关系的关键，AI 可以帮助企业建立高效的沟通平台，自动化处理员工反馈并及时传达重要信息，为 HR 减少日常人事行政负担，使他们能够专注于更具战略意义的人力资源管理工作。

用户可以在讯飞星火的输入框中上传员工提交的沟通反馈，并输入相应指令，单击■按钮发送指令，指导 AI 分析员工提交的沟通反馈。案例指令及回复内容如下。

指令

根据上传的文档，分析员工提交的沟通反馈，自动识别其中的关键问题，并向相关部门推送改进建议

讯飞星火

根据上传的文本内容，员工在协同发展有限公司提交的沟通反馈中识别出了几个关键问题，并提出相应的改进建议，具体如下：

1. 工作环境与设施：

- 空调效果不佳影响工作效率。建议相关部门检查并改善办公区域的空调系统，确保其有效运作，以提供更舒适的工作环境。

- 会议室预订系统不直观导致预订冲突。建议 IT 部门优化或更换会议室预订系统，使之更加对用户友好且能实时显示预订状态，减少预订冲突。

2. 薪酬与福利：

- 希望公司提供更灵活的工作时间安排。人力资源部可以考虑引入弹性工作制度，帮助员工更好地平衡工作与生活。

- 建议增加健康保险覆盖范围。人力资源部应评估现有的健康保险计划，并考虑扩大慢性病治疗的覆盖，以提高员工的满意度和对员工的保障。

3. 职业发展与培训：

- 在线培训资源有限。建议培训部门扩充在线培训资源，引入更多专业课程，支持员工的职业发展和技能提升。

- 希望有更多参与跨部门项目的机会。管理层应鼓励跨部门合作，并为员工提供更多参与此类项目的机会，以促进个人成长和团队协作。

4. 团队合作与沟通：

……

8.2.5 用 AI 调解员工矛盾

在工作中，员工之间难免会出现矛盾。通过 AI，可以智能化地分析矛盾的根源，并为 HR 给出合理的解决方案，有效地调解冲突，避免升级为劳动争议。案例指令及回复内容如下。

扫码观看教学视频

指令

请分析以下员工之间发生的矛盾，识别冲突点并提供解决方案。矛盾描述如下：

项目团队成员张三和李四负责共同完成一个紧急项目，但由于沟通不畅和工作风格差异，导致项目进度延误。张三指责李四未能按时提交她的部分工作，导致他的工作无法按计划进行。李四则认为张三没有提前通知她具体的截止日期，且在项目管理会议上对她的工作提出批评，让她感到不被尊重。

讯飞星火

冲突点分析

1. 沟通不畅：张三和李四之间缺乏有效的沟通，导致信息传递不及时、不准确。张三没有提前通知李四具体的截止日期，而李四也没有及时向张三反馈工作进度。

2. 工作风格差异：张三和李四的工作风格可能存在较大差异，张三可能更倾向于严格的时间管理和明确的任务分配，而李四可能更注重工作的质量和细节，导致双方在项目进度上产生分歧。

3. 尊重问题：张三在项目管理会议上对李四的工作提出批评，让李四感到不被尊重，这进一步加剧了双方的矛盾。

解决方案

1. 建立有效的沟通机制：

- 定期召开项目会议，确保所有团队成员都能及时了解项目进展和各自的任务。

- 使用项目管理工具（如 Trello、Asana 等）来跟踪任务进度，确保每个人都清楚自己的责任和截止日期。

- 鼓励开放和诚实的沟通，让团队成员能够自由表达自己的想法和担忧。

2. 明确角色和责任：

- 在项目开始时，明确每个团队成员的角色和责任，确保每个人都清楚自己的任务和期望。

……

8.2.6　用 AI 优化员工反馈渠道

员工反馈是 HR 改进管理的宝贵资源，也是提升员工工作效率和员工满意度的重要途径。然而，在现代企业中，往往存在反馈不及时、信息不全面、响应慢等问题。通过 AI，可以为 HR 提供员工反馈渠道优化方案，还能根据反馈内容进行智能分类和处理，及时提供解决方案，增强员工的参与感与归属感。案例指令及回复内容如下。

扫码观看教学视频

指令

某公司的员工反馈渠道主要依赖纸质问卷和定期调查的方式，HR 经常来不及处理，请根据该公司的情况，提供员工反馈渠道优化方案，确保反馈渠道的多样性与即时性

讯飞星火

为了优化员工反馈渠道，确保多样性与即时性，公司可以考虑以下几个方面的改进措施：

1. 数字化反馈平台：

（1）引入一个在线反馈系统，如员工自助服务门户、移动应用程序或企业内部社交平台，让员工可以随时随地提交反馈。

（2）确保平台易于使用，支持匿名反馈，以鼓励员工提供真实的意见和建议。

2. 即时通信工具：

（1）利用企业微信、钉钉等即时通信工具建立专门的反馈群组或频道，让员工可以直接向 HR 或相关部门提出问题和建议。

（2）定期在群内发布调查问卷，快速收集员工意见。

3. 定期的"开放日"或"圆桌会议"：

（1）设立定期的面对面交流机会，如每月或每季度的开放日，邀请员工与管理层直接对话。

（2）通过圆桌会议的形式，让员工参与决策过程，提高透明度和参与感。

4. 匿名建议箱：

（1）在办公区域设置实体的匿名建议箱，供不愿意在线提交反馈的员工使用。

（2）定期清空并审阅建议箱中的内容，确保每一条反馈都得到关注。

5. 培训和发展：

……

8.2.7 用 AI 提升员工忠诚度

员工的忠诚度直接影响企业的长期发展，AI 可以通过分析员工的行为、满意度等数据，识别影响忠诚度的因素，进而采取有针对性的提升措施。

扫码观看教学视频

用户可以在讯飞星火的输入框中上传员工的工作态度和离职意向调查文档，并输入相应指令，单击■按钮发送指令，指导 AI 提升员工的忠诚度。案例指令及回复内容如下。

指令

根据上传的文档，请分析员工的工作态度和离职意向，找出忠诚度低的员工群体，提供针对性的提升方案

讯飞星火

根据调查数据，明日科技有限公司的员工工作态度和离职意向可以分析如下：

……

忠诚度低的员工群体：

- 那些对工作满意度不高的员工（38%）。
- 不愿意为公司投入额外努力的员工（55%）。
- 对自己的未来发展持悲观态度的员工（35%）。
- 有较高离职意向的员工（40%）。
- 面对其他工作机会时会考虑离开的员工（65%）。

针对性的提升方案：

1. 提高工作满意度：通过员工调研了解不满意的具体原因，并针对性地改进工作环境、薪酬福利、职业发展路径等。

2. 增强工作投入感：提供更多的职业培训和发展机会，鼓励员工参与决策过程，增加工作的自主性和创造性。

3. 提升未来发展前景：明确展示公司的发展蓝图和员工个人成长的机会，定期进行职业规划辅导。

4. 降低离职意向：建立有效的沟通渠道，及时解决员工的疑虑和不满；提供竞争性的薪酬和福利；加强团队建设和企业文化，增强员工的归属感。

5. 应对外部工作机会的诱惑：通过市场调研，确保公司的薪酬和福利具有竞争力；强化公司品牌和文化，让员工自豪于成为公司的一员。

通过这些措施，可以有效提升员工的忠诚度，减少人才流失，促进公司的长期稳定发展。

本章小结

本章主要介绍了通过讯飞星火的 AI 技术强化劳动关系的相关应用。首先，介绍

了劳动合同管理，包括用 AI 生成劳动合同、监控劳动法规变化、生成员工离职流程等；然后介绍了员工关系维护，包括用 AI 优化劳动关系策略、分析员工满意度、调解员工矛盾等。学完本章，大家可以通过智能化的手段减轻 HR 的工作压力，降低企业的劳动成本，提高员工的满意度和忠诚度，构建更加和谐的劳动关系。

课后实训

　　鉴于本章知识的重要性，为了帮助大家更好地掌握本章所学内容，本节将通过一个实训案例进行知识回顾和补充。

　　实训任务：使用讯飞星火，分析员工离职风险并提出挽留建议。相关指令及回复内容如下。

扫码观看教学视频

指令

请分析在公司经营不善的情况下员工离职的风险，并提出挽留建议

讯飞星火

　　在公司经营不善的情况下，员工离职的风险会显著增加。以下是对这一风险的分析以及相应的挽留建议：

　　一、风险分析：

　　1. 信心下降：经营不善可能会导致员工对公司的未来失去信心，担心自己的职业发展和工作稳定性。

　　2. 薪资和福利减少：财务状况不佳可能会迫使公司削减成本，包括降低薪资、取消奖金或减少福利，这可能会影响员工的满意度和忠诚度。

　　3. 工作压力增加：为了改善经营状况，员工可能面临更大的工作压力和更长的工作时间，这可能导致工作倦怠和健康问题。

　　4. 职业发展受限：公司可能会冻结招聘和晋升，限制员工的职业发展机会。

　　5. 外部机会吸引：在市场传闻中，经营不善的公司的员工可能会成为竞争对手挖角的对象，或者员工可能会主动寻找更稳定的工作环境。

　　……

第**9**章 AI 量化管理与数据分析

学习提示

　　通过 AI 量化管理与数据分析，HR 能够更加精确地了解员工表现、招聘效果、培训成果等关键指标，从而优化人力资源决策，提升整体工作效率。本章将围绕 AI 量化管理与数据分析展开，探讨如何利用 AI 工具——腾讯文档，在招聘、员工留存、绩效评估等方面进行数据化管理，并提供相关的 AI 指令案例。

本章重点导航

◇ AI 量化管理

◇ AI 数据分析

9.1 AI 量化管理

数据量化是通过定量化的方式对员工和团队的各项工作进行评估与管理。这一过程不仅可以帮助 HR 识别潜在问题，还能为企业战略决策提供科学依据。本节将探讨如何利用 AI 技术对招聘质量、培训效果、团队绩效等方面进行量化管理。

9.1.1 用 AI 量化评估招聘质量

招聘质量是衡量招聘效果的核心指标，通常通过分析招聘渠道的有效性、候选人的适配度、面试评分等因素来评估。利用腾讯文档的"AI 文档助手"功能，可以自动化地评估招聘数据，生成具体的招聘质量评分，具体操作如下。

扫码观看教学视频

步骤01 在腾讯文档首页，单击"导入"按钮，如图 9-1 所示。

步骤02 弹出"打开"对话框，选择需要导入的文件，如图 9-2 所示。

图 9-1 单击"导入"按钮

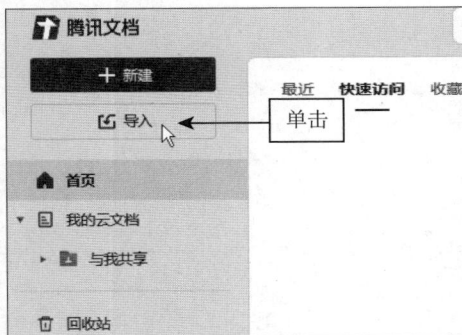

图 9-2 选择需要导入的文件

步骤03 单击"打开"按钮，即可弹出"导入本地文件"对话框，❶选择"转为在线文档多人编辑"选项，表示可以多个账号在线协同办公；❷单击"确定"按钮，如图 9-3 所示。

步骤04 在页面右下角会弹出完成提示，单击"立即打开"按钮，如图 9-4 所示。

步骤05 执行操作后，即可打开导入的文件，查看表格数据内容，在右上角单击"AI 文档助手"按钮🔴，如图 9-5 所示。

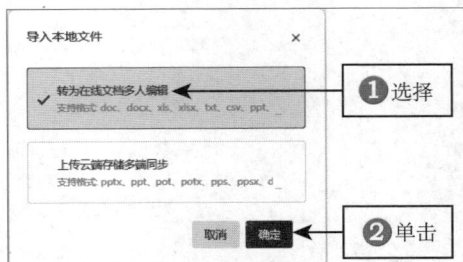

图 9-3 单击"确定"按钮

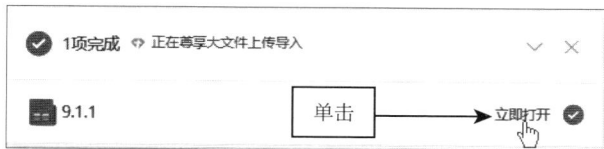

图 9-4　单击"立即打开"按钮

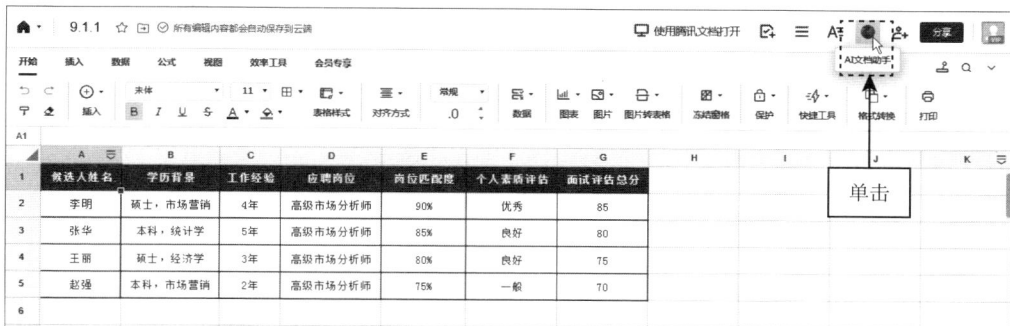

图 9-5　单击"AI 文档助手"按钮

步骤 06　弹出"AI 文档助手"面板，如图 9-6 所示，需要利用 AI 文档助手分析表格数据内容，给出招聘质量评分。

步骤 07　在输入框中输入相应指令，单击 ⬤ 按钮发送指令，即可指导 AI 量化分析招聘质量。相关指令及回复内容如下。

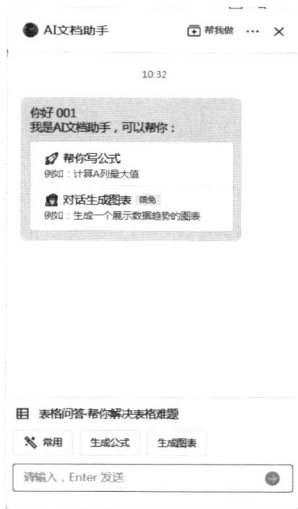

图 9-6　弹出"AI 文档助手"面板

指令

根据表格中候选人的岗位匹配度，分析面试评估结果，给出招聘质量评分

腾讯文档

分析

表格中包含了候选人的姓名、学历背景、工作经验、应聘岗位、岗位匹配度、个人素质评估和面试评估总分。为了分析面试评估结果并给出招聘质量评分，我们可以考虑以下几个步骤：

1. 分析岗位匹配度与面试评估总分之间的关系。

2. 分析个人素质评估与面试评估总分之间的关系。

3. 综合以上分析，给出招聘质量评分。

首先，我们将对岗位匹配度与面试评估总分之间的关系进行分析。

……

代码推理

结论

岗位匹配度的平均值为 0.825，个人素质评估的平均数值为 2.0。根据这两个指标，我们给出的招聘质量评分为 1.4125。

这个评分反映了在考虑岗位匹配度和个人素质评估的情况下，本次招聘的整体质量。评分越高，表示招聘质量越好。请注意，这个评分是基于简单的平均方法得出的，实际应用中可能需要根据具体情况设计更为复杂的评分体系。

9.1.2 用 AI 量化分析招聘周期

招聘周期的长短直接影响到企业的招聘效率和人力成本。利用腾讯文档的"AI 文档助手"功能可以自动化地进行量化分析，评估整个招聘过程的时间消耗，并提出优化建议，具体操作如下。

扫码观看教学视频

步骤 01 在腾讯文档中，❶导入一个招聘周期概览工作表，需要量化分析招聘周期；❷在右上角单击"AI 文档助手"按钮，如图 9-7 所示。

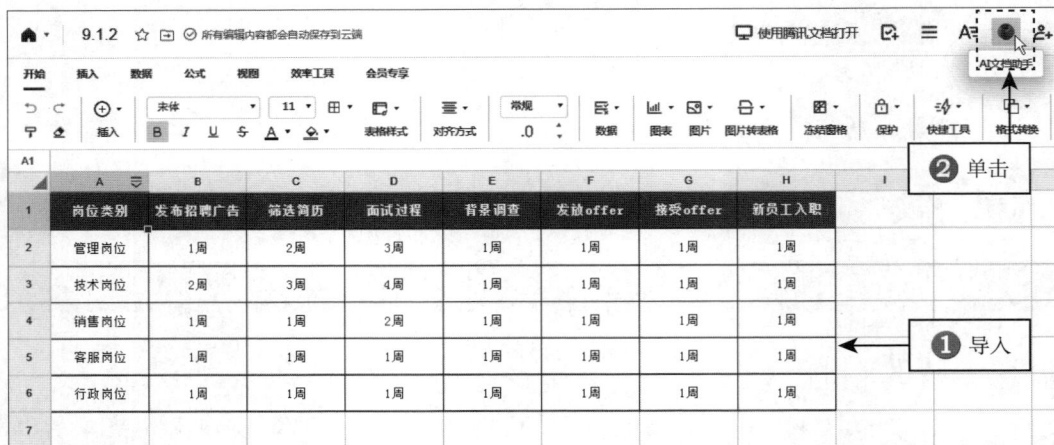

图 9-7 单击"AI 文档助手"按钮

步骤 02 弹出"AI 文档助手"面板，在输入框中输入相应指令，单击 按钮发送指令，即可指导 AI 量化分析招聘周期。相关指令及回复内容如下。

指令

分析不同岗位的招聘周期，识别异常周期并给出优化方案

腾讯文档

分析

表格中包含了不同岗位类别的招聘周期数据，包括发布招聘广告、筛选简历、面试过程、背景调查、发放 offer、接受 offer 以及新员工入职等环节。每个环节的数值都可能代表了该环节所需的时间周期（例如天数）。

为了分析不同岗位的招聘周期，我们可以计算每个岗位的总招聘周期，并识别出周期异常的岗位。然后，我们可以提出优化方案。现在将进行这些计算。

代码推理

分析

根据计算结果，不同岗位的总招聘周期如下：

管理岗位：10 天

技术岗位：13 天

销售岗位：8 天

客服岗位：7 天

行政岗位：7 天

技术岗位的招聘周期最长，为 13 天，而客服岗位和行政岗位的招聘周期最短，为 7 天。

······

9.1.3　用 AI 量化预测员工留存率

员工留存率是企业稳定发展的关键指标，利用腾讯文档的"AI 文档助手"功能，可以量化分析员工的入职时间、岗位变动次数、工作表现等多维度数据，帮助 HR 优化员工留存策略，降低员工流失率，具体操作如下。

扫码观看教学视频

步骤 01　在腾讯文档中，❶导入一个员工数据表，需要根据表格中的数据量化预测员工留存率；❷在右上角单击"AI 文档助手"按钮，如图 9-8 所示。

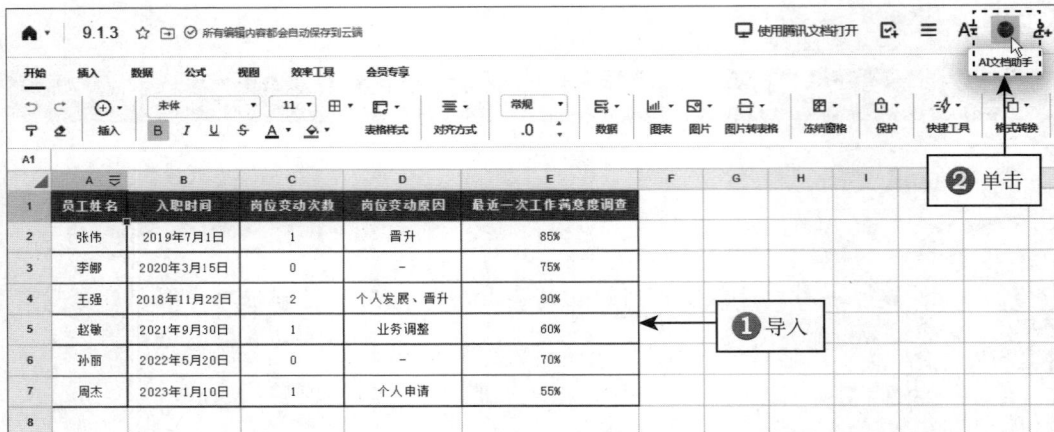

图 9-8　单击 "AI 文档助手" 按钮

步骤 02 弹出 "AI 文档助手" 面板，在输入框中输入相应指令，单击 ● 按钮发送指令，即可指导 AI 量化预测员工留存率。相关指令及回复内容如下。

指令

结合员工的入职时间、岗位变动和工作满意度等数据，量化预测员工的留存率

腾讯文档

分析

表格中包含以下内容：

......

为了量化预测员工的留存率，我们可以考虑以下几个因素：

1. 入职时间：员工在公司工作的时间越长，留存的可能性通常越高。

2. 岗位变动次数：岗位变动次数较少的员工可能更稳定。

3. 工作满意度：工作满意度较高的员工留存的可能性更大。

......

根据我们的简单模型，每个员工的综合得分如下：

1. 张伟：4.85 分

2. 李娜：4.75 分

3. 王强：4.9 分

4. 赵敏：2.6 分

5. 孙丽：2.7 分

6. 周杰：0.55 分

在这个假设的权重下，得分较高的员工（如王强和张伟）可能有更高的留存率。得分较低的员工（如周杰）可能有较低的留存率。

……

9.1.4　用 AI 量化评估培训效果

利用腾讯文档的"AI 文档助手"功能，可以分析员工在培训前后的绩效数据，量化评估培训的效果。例如，员工的工作效率、质量、客户满意度等指标在培训后的变化，可以通过 AI 自动化分析，确保每一项培训投入的有效性，具体操作如下。

扫码观看教学视频

步骤 01　在腾讯文档中，❶导入一个员工培训前后的绩效数据表，需要根据表格中的培训数据，量化评估培训效果；❷在右上角单击"AI 文档助手"按钮，如图 9-9 所示。

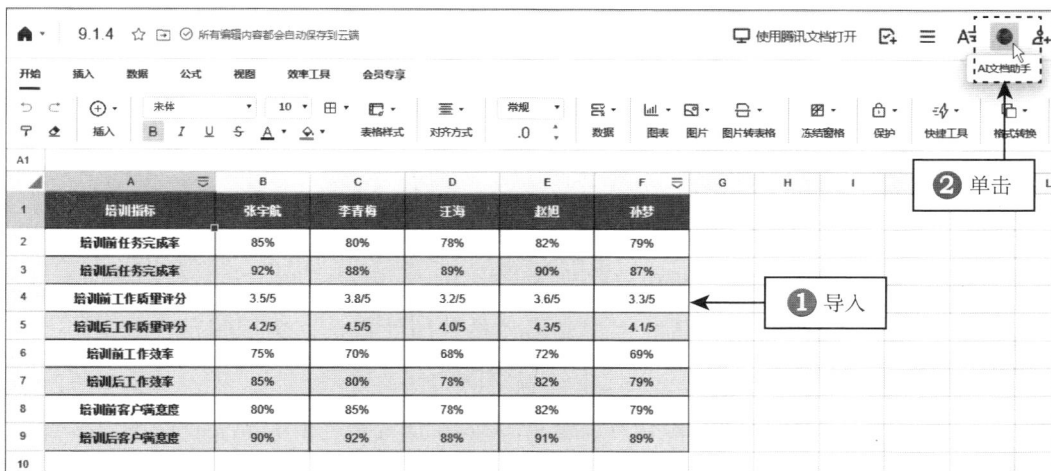

图 9-9　单击"AI 文档助手"按钮

步骤 02　弹出"AI 文档助手"面板，在输入框中输入相应指令，单击 ➡ 按钮发送指令，即可指导 AI 量化评估培训效果。相关指令及回复内容如下。

指令

基于表格中员工培训前后的绩效数据（如任务完成率、工作质量等），量化评估培训效果

腾讯文档

分析

表格中包含了员工培训前后的绩效数据，包括任务完成率、工作质量评分、工作效率和客户满意度。为了量化评估培训效果，我们可以计算每个指标的培训前后的平均值，并比较它们的差异。此外，我们还可以计算每个员工在各个指标上的提升程度。

……

根据重新计算的结果，我们可以看到以下培训效果的量化评估：

1. 任务完成率：培训前平均值为 0.808，培训后平均值为 0.892，提升了 0.084。

2. 客户满意度：培训前平均值为 0.808，培训后平均值为 0.9，提升了 0.092。

3. 工作效率：培训前平均值为 0.708，培训后平均值为 0.808，提升了 0.1。

4. 工作质量评分：培训前平均值为 3.48（满分为 5），培训后平均值为 4.22（满分为 5），提升了 0.74。

这些数据表明，整体上员工在培训后的表现有了显著的提升，尤其是在工作质量评分上，提升超过了 10%。这可能意味着培训对员工绩效有积极的影响。

9.1.5 用 AI 量化对比团队绩效

团队绩效的量化分析可以帮助 HR 对比各团队的工作效果，识别高效团队和低效团队，并采取相应的管理优化措施。

例如，HR 可以上传各团队的工作成果和员工绩效数据，利用腾讯文档的"AI 文档助手"功能，量化对比各团队的任务完成效率、项目成功率等绩效指标，从而识别出哪些团队表现优异，哪些团队可能需要更多资源和支持，具体操作如下。

步骤 01 在腾讯文档中，❶导入一个各团队绩效数据表，需要根据表格中的各项数据，量化对比团队绩效；❷在右上角单击"AI 文档助手"按钮🔵，如图 9-10 所示。

步骤 02 弹出"AI 文档助手"面板，在输入框中输入相应指令，单击➡按钮发送指令，即可指导 AI 量化对比团队绩效。相关指令及回复内容如下。

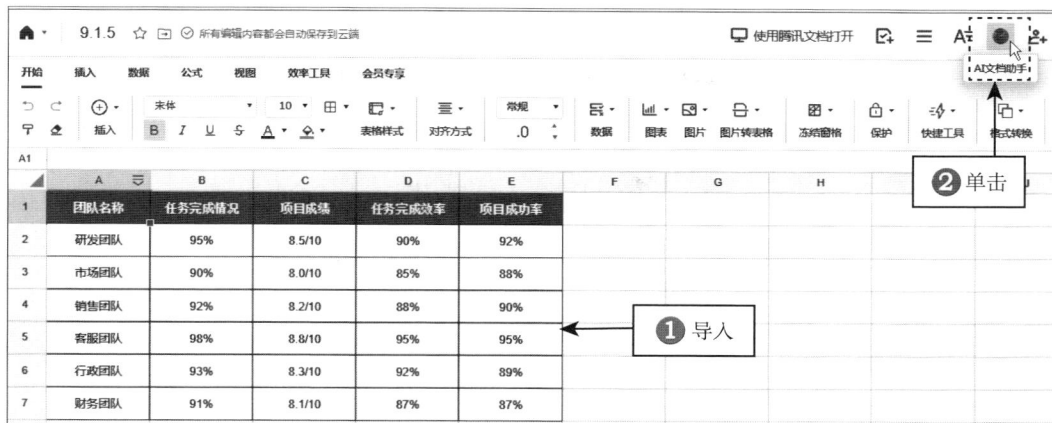

图 9-10　单击"AI 文档助手"按钮

指令

根据表格中各团队的任务完成情况、项目成绩等绩效指标数据，量化对比各团队的绩效差异

腾讯文档

分析

……

结论

根据均等权重的总绩效得分，各团队的绩效差异量化对比结果如下：

1. 客服团队—总绩效得分：2.92

2. 研发团队—总绩效得分：2.8175

3. 行政团队—总绩效得分：2.76

4. 销售团队—总绩效得分：2.725

5. 财务团队—总绩效得分：2.6875

6. 市场团队—总绩效得分：2.6575

客服团队的总绩效得分最高，表明其绩效表现最好。市场团队的总绩效得分最低，表明其绩效表现相对较差。其他团队的绩效得分介于两者之间，按得分排序显示其绩效差异。

如果您需要使用不同的加权方法计算总绩效得分，请告知我各指标的权重，我将重新计算。

9.1.6 用 AI 量化员工晋升速度

员工晋升速度可以说明员工成长情况。利用 AI 预测员工晋升的可能性，可以帮助 HR 为员工制定合适的职业发展规划。

例如，HR 可以将员工的绩效数据、职位晋升历史等信息导入腾讯文档，利用"AI 文档助手"功能可以量化分析员工的晋升速度，生成晋升潜力评分，通过这一数据，HR 可以提前识别出具备较高晋升潜力的员工，为他们提供更多发展机会，具体操作如下。

步骤 01 在腾讯文档中，❶导入一个员工晋升绩效数据表，需要根据表格中的各项数据生成员工晋升速度评分；❷在右上角单击"AI 文档助手"按钮🔵，如图9-11所示。

步骤 02 弹出"AI 文档助手"面板，在输入框中输入相应指令，单击🔵按钮发送指令，即可指导 AI 生成员工晋升速度评分。相关指令及回复内容如下。

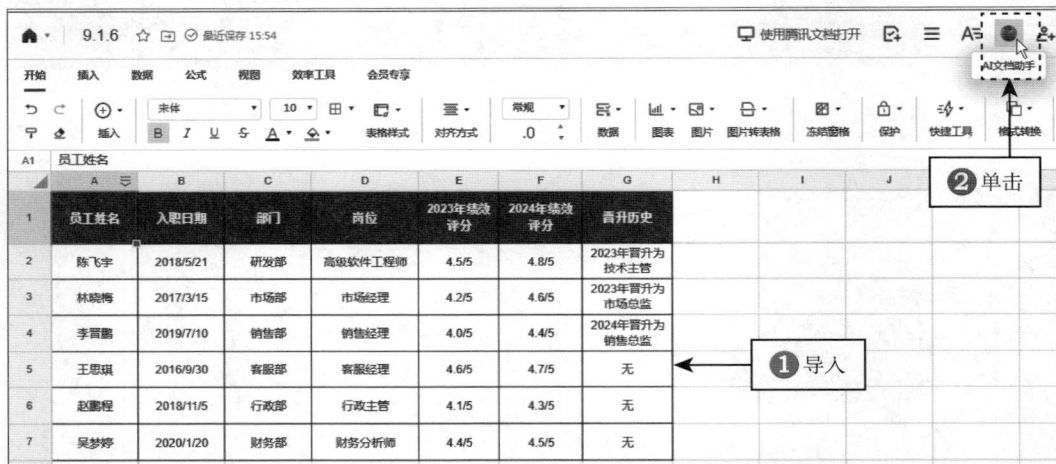

图 9-11 单击"AI 文档助手"按钮

指令

结合表格中员工的绩效数据与晋升历史，生成员工晋升速度评分，预测员工晋升潜力

腾讯文档

分析

表格中包含了员工姓名、入职日期、部门、岗位、2023 年和 2024 年的绩效

评分以及晋升历史。为了生成员工晋升速度评分和预测员工晋升潜力，我们可以考虑以下几个因素：

1. 绩效评分：通常绩效评分较高的员工晋升潜力更大。

2. 晋升历史：有晋升记录的员工可能有更大的晋升潜力。

3. 入职日期：入职时间较长的员工可能有更多的时间积累经验和业绩。

4. 部门和岗位：不同部门和岗位的晋升速度可能有所不同。

……

代码推理

结论

根据员工的绩效评分和晋升历史，我们为每位员工计算了晋升速度评分，并预测了他们的晋升潜力。以下是结果：

生成表格

插入

员工姓名	晋升速度评分	晋升潜力预测
陈飞宇	9.65	高晋升潜力
林晓梅	9.4	高晋升潜力
李晋鹏	9.2	中晋升潜力
王思琪	7.65	中晋升潜力
赵鹏程	7.2	低晋升潜力
吴梦婷	7.45	低晋升潜力

9.1.7　用 AI 量化培训投资回报率

扫码观看教学视频

通过 AI 量化培训的投资回报率，HR 可以清晰地评估培训的成本与收益之间的关系，确保每一项培训活动都能为公司带来实际效益。

例如，HR 可以将培训活动的成本和培训后员工的绩效数据导入腾讯文档，利用 "AI 文档助手" 功能，根据这些数据生成培训的投资回报率（ROI）报告，具体操作如下。

步骤 01　在腾讯文档中，❶导入一个培训活动相关数据表，需要根据表格中的各项数据量化评估培训的投资回报率；❷在右上角单击 "AI 文档助手" 按钮，如图 9-12 所示。

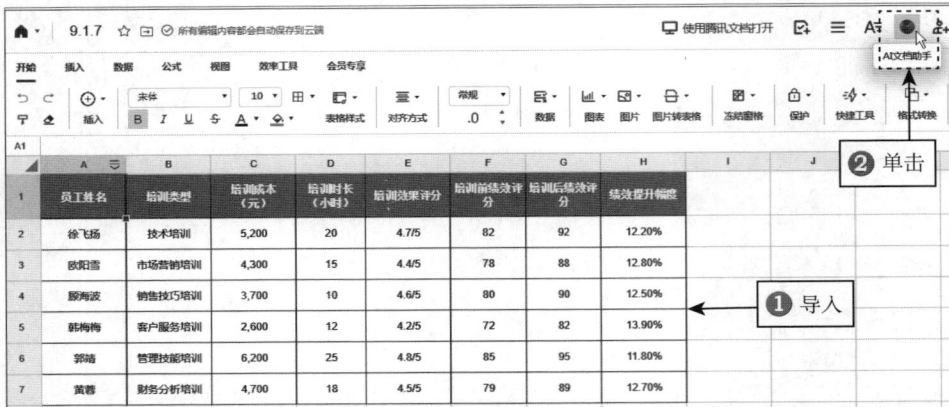

图 9-12　单击"AI 文档助手"按钮

步骤 02 弹出"AI 文档助手"面板，在输入框中输入相应指令，单击 ➡ 按钮发送指令，即可指导 AI 量化评估培训的投资回报率。相关指令及回复内容如下。

指令

结合表格中的员工培训成本、培训效果、绩效评分及绩效提升幅度等数据，量化评估培训的投资回报率

腾讯文档

分析

表格中包含了员工姓名、培训类型、培训成本、培训时长、培训效果评分、培训前绩效评分、培训后绩效评分和绩效提升幅度等信息。为了量化评估培训的投资回报率（ROI），我们需要计算培训带来的绩效提升所带来的价值，并将其与培训成本进行比较。

投资回报率可以用以下公式计算：

$$ROI=\frac{收益-成本}{成本}\times 100\%$$

这里，收益可以通过绩效提升幅度来估计。一种简单的方法是将绩效提升幅度与员工的年薪或月薪相乘，得到绩效提升的经济价值。然而，表格中没有提供员工的薪资信息，因此我们可以采用另一种方法：将绩效提升幅度作为绩效提升的相对价值，直接与培训成本相比较。

我们可以使用绩效提升幅度来计算每个员工培训的 ROI，然后计算平均 ROI 作为整体培训项目的投资回报率。计算 ROI 之前，我们需要将培训效果评分转换为数值类型，以便进行计算。接下来，我将进行这些计算。

代码推理

结论

每个员工的培训投资回报率（ROI）计算结果如下：

生成表格

……

9.2 AI 数据分析

AI 数据分析在处理大量复杂的数据时具有巨大的优势，能够高效提取关键洞察，帮助 HR 做出精准决策。本节将介绍如何通过 AI 分析面试通过率、人才流动趋势等，提升数据分析的效果。

9.2.1 用 AI 数据分析面试通过率

面试通过率是招聘过程中衡量候选人质量的重要指标，AI 可以通过面试评估数据，自动化分析各候选人的面试通过概率。

扫码观看教学视频

例如，利用腾讯文档，HR 可以导入候选人的面试数据，通过"AI 文档助手"功能，可以自动分析并提供面试通过概率，帮助 HR 做出更为精准的招聘决策，具体操作如下。

步骤 01　在腾讯文档中，❶导入一个候选人面试数据表，需要根据表格中的各项数据，分析面试通过率；❷在右上角单击"AI 文档助手"按钮，如图 9-13 所示。

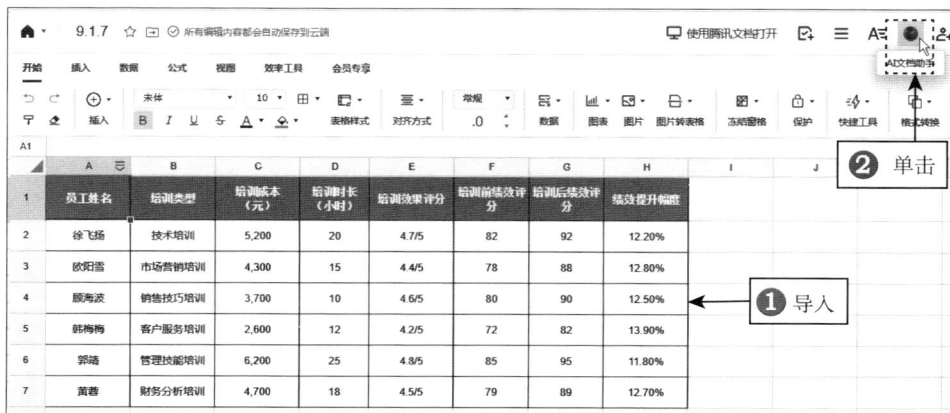

图 9-13　单击"AI 文档助手"按钮

步骤 02 弹出"AI 文档助手"面板，在输入框中输入相应指令，单击⬤按钮发送指令，即可指导 AI 分析面试通过率。相关指令及回复内容如下。

💬 指令

根据表格中候选人的各项评分数据，分析并提供面试通过率

⚫ 腾讯文档

分析

表格中包含了候选人的姓名、应聘岗位、面试日期、专业技能评分、沟通能力评分、团队合作能力评分、问题解决能力评分以及总体评价。为了分析面试通过率，我们需要定义什么样的评价被认为是"通过"。如果"优秀"和"良好"都算作通过，那么我们可以计算这些评价所占的百分比。让我们先统计一下各个总体评价的数量。

代码推理

分析

总体评价中，"优秀"有 3 人，"良好"也有 3 人。如果我们假设"优秀"和"良好"都算作面试通过，那么我们可以计算通过率。总共有 6 位候选人，通过人数是 6 人。现在我将计算面试的通过率。

代码推理

结论

根据我们的定义，所有候选人都被评价为"优秀"或"良好"，因此面试的通过率为 100%。

9.2.2 用 AI 数据分析员工流失原因

员工流失对企业的稳定性和长期发展具有重要影响，因此，准确识别流失原因并采取有效措施显得尤为关键。AI 通过分析历史数据、员工行为模式、工作满意度等多维度信息，能够帮助 HR 部门量化员工流失的原因，并预测可能的风险点，从而为优化管理策略和提高员工留存率提供科学依据，具体操作如下。

扫码观看教学视频

步骤 01 在腾讯文档中，❶导入一个员工信息数据表，需要根据表格中的各项数据分析员工流失原因；❷在右上角单击"AI 文档助手"按钮⬤，如图 9-14 所示。

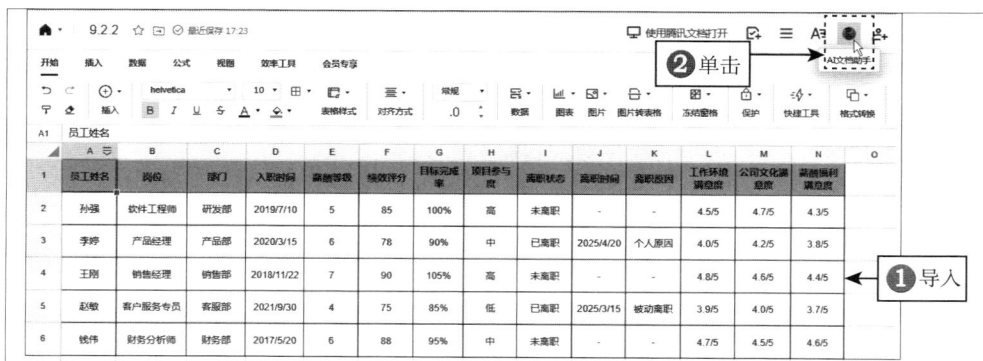

图 9-14　单击"AI 文档助手"按钮

步骤 02 弹出"AI 文档助手"面板，在输入框中输入相应指令，单击 ➡ 按钮发送指令，即可指导 AI 分析员工流失原因。相关指令及回复内容如下。

🗨 指令

> 根据表格中的员工入职时间、薪酬等级、绩效评分、离职时间、离职原因以及满意度等数据信息，分析影响员工流失的关键因素

⬤ 腾讯文档

分析

……

根据比较已离职和未离职员工的平均数据，我们可以观察到以下趋势：

1. 薪酬等级：未离职员工的平均薪酬等级（6.0）高于已离职员工的平均薪酬等级（5.0）。

2. 绩效评分：未离职员工的平均绩效评分（约 87.67）高于已离职员工的平均绩效评分（76.5）。

3. 目标完成率：未离职员工的平均目标完成率（1.0）高于已离职员工的平均目标完成率（0.875）。

4. 工作环境满意度：未离职员工的平均工作环境满意度（约 4.67）高于已离职员工的平均工作环境满意度（3.95）。

5. 公司文化满意度：未离职员工的平均公司文化满意度（约 4.60）高于已离职员工的平均公司文化满意度（4.1）。

6. 薪酬福利满意度：未离职员工的平均薪酬福利满意度（约 4.43）高于已离职员工的平均薪酬福利满意度（3.75）。

从这些数据趋势来看，以下因素可能与员工流失有较密切的关系：

……

9.2.3 用 AI 生成人才流动趋势图表

人才流动是企业管理中一个至关重要的指标，能够反映员工的流动性、招聘效果、员工满意度等多个方面。利用 AI 生成人才流动趋势图表不仅能够直观地展示公司内部人才流动的变化趋势，还能够帮助 HR 识别潜在问题，优化人力资源战略，具体操作如下。

步骤 01 在腾讯文档中，❶导入一个人才流动趋势数据表，需要 AI 生成人才流动趋势图表；❷在右上角单击"AI 文档助手"按钮，如图 9-15 所示。

图 9-15 单击"AI 文档助手"按钮

步骤 02 弹出"AI 文档助手"面板，选择"对话生成图表"选项，如图 9-16 所示。

步骤 03 执行操作后，AI 将弹出相应提示信息，选择"生成一个展示数据趋势的折线图"选项，如图 9-17 所示。

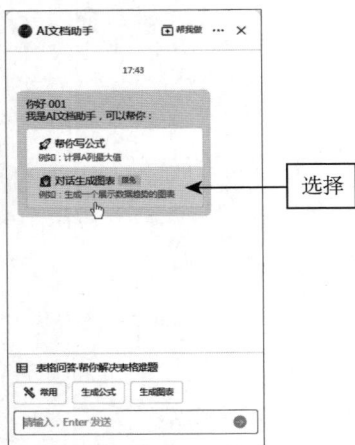

图 9-16 选择"对话生成图表"选项

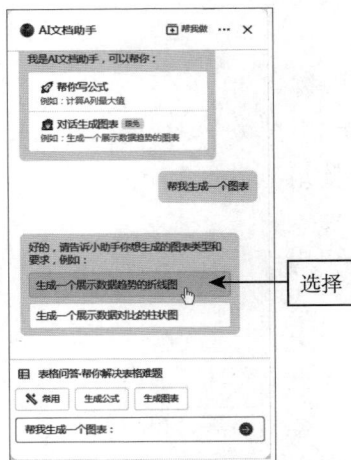

图 9-17 选择"生成一个展示数据趋势的折线图"选项

步骤 04 执行操作后，AI 即可生成相应的数据趋势折线图，单击"插入"按钮，如图 9-18 所示。

步骤 05 执行操作后，即可在表格中插入折线图，修改图表名称为"人才流动趋势"，效果如图 9-19 所示。至此，即可完成 AI 生成人才流动趋势图表的操作。

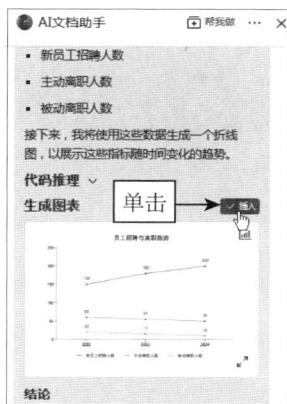

图 9–18　单击"插入"按钮

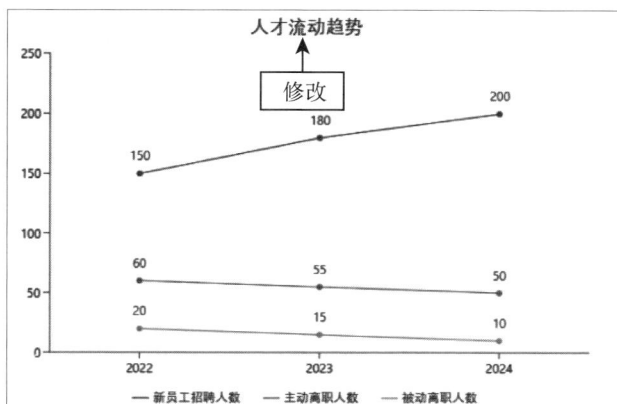

图 9-19　修改图表名称

9.2.4　用 AI 数据分析新员工绩效

AI 可以通过分析新员工的入职后的绩效表现，帮助 HR 评估新员工的适应能力和未来潜力。

例如，HR 可以在腾讯文档中导入新员工的工作数据，通过"AI 文档助手"功能，可以自动评估其绩效潜力，帮助 HR 做出合理的人员调整，具体操作如下。

步骤 01 在腾讯文档中，❶导入一个新员工工作数据表，需要 AI 分析表格中的绩效数据，评估新员工的绩效潜力；❷单击"AI 文档助手"按钮，如图 9-20 所示。

图 9–20　单击"AI 文档助手"按钮

步骤 02 弹出"AI 文档助手"面板，在输入框中输入相应指令，单击 ➡ 按钮发送指令，即可指导 AI 分析表格中的绩效数据，并评估新员工的绩效潜力。相关指令及回复内容如下。

指令

分析表格中新员工的入职表现、工作任务完成情况等绩效数据，并评估他们未来的绩效潜力

腾讯文档

分析

……

代码推理

结论

根据绩效潜力得分，我们可以对新员工未来的绩效潜力进行评估：

1. 刘晓东的绩效潜力得分最高，为 0.952，显示出其具有很高的绩效潜力。

2. 赵丽的绩效潜力得分次之，为 0.881，也有很高的绩效潜力。

3. 张强的绩效潜力得分为 0.841，表现也不错。

4. 陈静的绩效潜力得分为 0.819，属于中等偏上。

5. 孙伟的绩效潜力得分最低，为 0.730，可能需要更多的关注和培训以提升其绩效潜力。

请注意，这些得分是基于我们设定的权重计算出来的，实际应用中权重的设定需要根据公司的具体情况和评价体系进行调整。

9.2.5 用 AI 分析员工的职业兴趣

员工的职业兴趣是影响员工职业发展的关键因素，AI 通过员工的行为数据、问卷调查结果等，能够帮助 HR 分析员工的职业兴趣并为其规划职业发展路径，具体操作如下。

扫码观看教学视频

步骤 01 在腾讯文档中，❶导入一个员工信息数据表，需要 AI 根据表格中的各项数据分析员工的职业兴趣；❷单击"AI 文档助手"按钮，如图 9-21 所示。

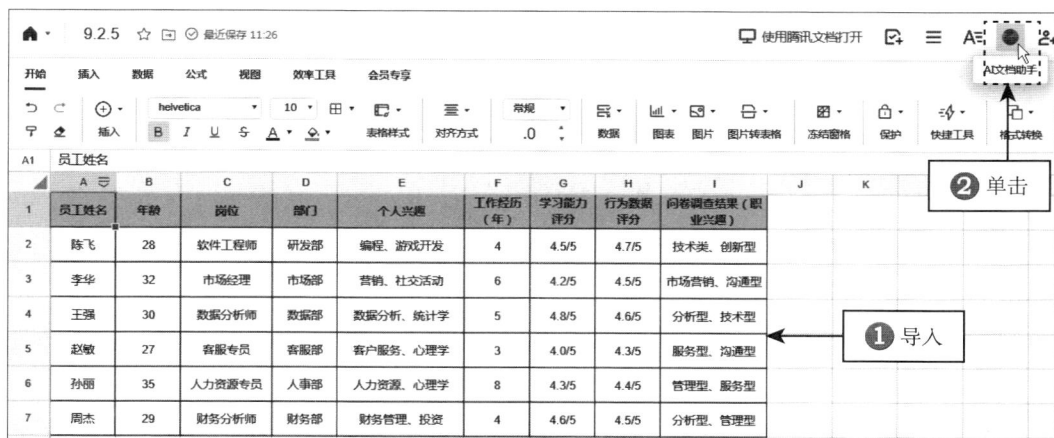

图 9-21　单击"AI 文档助手"按钮

步骤 02　弹出"AI 文档助手"面板，在输入框中输入相应指令，单击 ➡ 按钮发送指令，即可指导 AI 分析员工的职业兴趣。相关指令及回复内容如下。

指令

结合表格中员工的个人兴趣、工作经历、学习能力、问卷调查结果等数据，分析其职业兴趣

腾讯文档

结论

根据表格中的数据，我们可以对每位员工的职业兴趣进行以下分析：

陈飞：28 岁，软件工程师，研发部。个人兴趣为编程和游戏开发，有 4 年工作经验，学习能力评分 4.5/5，行为数据评分 4.7/5，问卷调查结果显示其职业兴趣为技术类和创新型。陈飞的技术背景和工作经验与他的兴趣相符，这使他表现出较强的学习能力和行为表现，适合从事需要技术创新和编程技能的工作。

李华：32 岁，市场经理，市场部。个人兴趣为营销和社交活动，有 6 年工作经验，学习能力评分 4.2/5，行为数据评分 4.5/5，问卷调查结果显示其职业兴趣为市场营销和沟通型。李华的市场营销背景和兴趣相吻合，这使他具备良好的沟通能力，适合从事市场营销和客户关系管理相关工作。

王强：30 岁，数据分析师，数据部。个人兴趣为数据分析和统计学，有 5 年工作经验，学习能力评分 4.8/5，行为数据评分 4.6/5，问卷调查结果显示其职业兴趣为分析型和技术型。王强的专业技能和个人兴趣相符，学习能力和行为表现

都很出色，适合从事数据分析、数据挖掘等工作。

赵敏：27 岁，客服专员，客服部。个人兴趣为客户服务和心理学，有 3 年工作经验，学习能力评分 4.0/5，行为数据评分 4.3/5，问卷调查结果显示其职业兴趣为服务型和沟通型。赵敏的兴趣和工作经历显示她善于与人沟通和服务他人，适合继续在客户服务或支持类岗位发展。

......

本章小结

本章主要通过腾讯文档介绍了 AI 量化管理与数据分析的相关应用。首先，介绍了 AI 量化管理的相关应用，包括用 AI 量化评估招聘质量、分析招聘周期、预测员工留存率、评估培训效果、对比团队绩效、量化员工晋升速度以及培训投资回报率等；然后，介绍了 AI 数据分析的相关应用，包括用 AI 分析面试通过率、员工流失原因、人才流动趋势、员工绩效、新员工的工作表现以及员工职业兴趣等。

学完本章，可以帮助 HR 更加精准地进行人力资源管理，利用 AI 技术量化各项管理指标，科学评估招聘、培训及绩效效果，分析员工流失及其他关键问题，从而做出更加数据驱动的决策，提升公司的人力资源管理水平和整体运营效率。

课后实训

鉴于本章知识的重要性，为了帮助大家更好地掌握本章所学内容，本节将通过一个实训案例进行知识回顾和补充。

实训任务：使用腾讯文档的"AI 文档助手"功能，根据提供的员工信息数据，预测员工在继任计划中的表现。相关操作、指令及回复内容如下。

扫码观看教学视频

👤 指令

步骤 01 在腾讯文档中，❶导入一个员工信息数据表，需要根据表格中的各项数据让 AI 预测员工在继任计划中的表现；❷单击"AI 文档助手"按钮，如图 9-22 所示。

图 9-22　单击"AI 文档助手"按钮

步骤 02　弹出"AI 文档助手"面板，在输入框中输入相应指令，单击 ➡ 按钮发送指令，即可指导 AI 预测员工在继任计划中的表现。相关指令及回复内容如下。

💬 **指令**

分析表格中员工的成长轨迹、绩效表现等数据，预测员工在继任计划中的表现

🔵 **腾讯文档**

分析

……

根据分析结果，以下是员工的综合绩效成长分数以及预测的继任计划表现：

1. 李晨：综合绩效成长分数为 36.16，预测继任表现为"中"。

2. 林峰：综合绩效成长分数为 37.30，预测继任表现为"高"。

3. 黄涛：综合绩效成长分数为 38.19，预测继任表现为"高"。

4. 蓝心：综合绩效成长分数为 31.47，预测继任表现为"低"。

5. 陈默：综合绩效成长分数为 34.28，预测继任表现为"中"。

6. 吴悠：综合绩效成长分数为 34.15，预测继任表现为"低"。

……

第10章

AI 防范企业的用工风险

学习提示

在现代企业人力资源管理中，用工风险防范是保障企业稳定发展的重要环节。随着人工智能技术的迅速发展，AI 不仅能够高效支持日常的办公流程，还能在法律风险管理与合规、用工风险预防与应对方面提供重要帮助。本章将重点介绍如何借助 WPS AI，在用工过程中防范各类法律风险，确保企业合规运营，并有效应对潜在的用工问题。

本章重点导航

◎ 法律风险管理与合规

◎ 用工风险预防与应对

10.1 法律风险管理与合规

法律风险管理是企业用工过程中不可忽视的重要组成部分。随着 AI 技术的普及，HR 可以利用 AI 工具了解用工过程中的相关法律风险，以确保企业能够合规运营。例如，WPS AI 为用户提供了"AI 法律助手"功能，可以帮助用户快速搜法、智能解答法律相关问题。本节将从一些常规案例入手，向大家介绍如何利用 WPS AI 管理和规避常见的法律风险，确保企业用工合规。

10.1.1 问 AI 虚假招聘的法律风险

虚假招聘不仅是招聘市场的痛点，也是企业面临的一大法律风险。HR 如果对外发布了虚假的招聘广告或信息，可能会因误导求职者而面临法律诉讼。

扫码观看教学视频

例如，发布虚假薪资待遇、职位职责等内容，可能会导致求职者因误入该职位而遭受损失，那么企业因此将承担哪些法律风险呢？

用户可以通过 WPS AI 的"AI 法律助手"功能，向 AI 询问虚假招聘的法律风险，具体操作如下。

指令

步骤 01 在 WPS 首页顶部，❶单击快速新建下拉按钮 ➕▾；❷在弹出的"新建"列表框中选择"文字"选项，如图 10-1 所示。

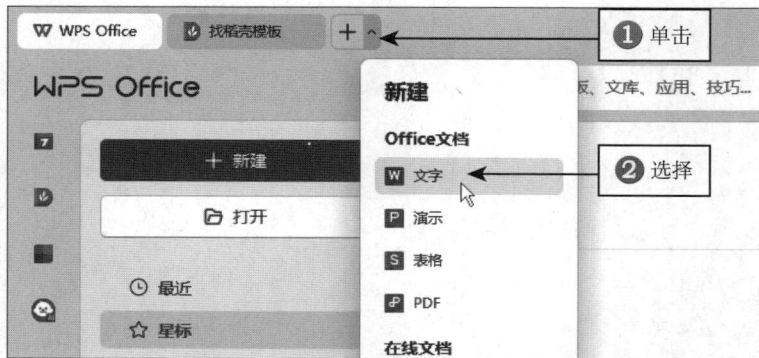

图 10-1 选择"文字"选项

步骤 02 执行操作后，即可新建一个空白的文字文档。在菜单栏中，❶单击 WPS AI 按钮；❷在弹出的列表框中选择"AI 法律助手"选项，如图 10-2 所示。

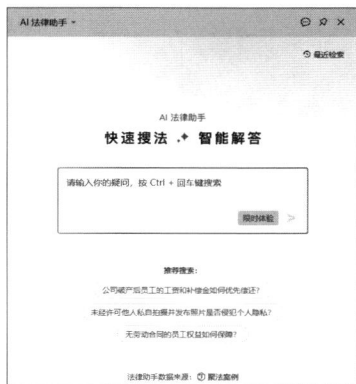

步骤 03 弹出"AI 法律助手"面板，如图 10-3 所示。

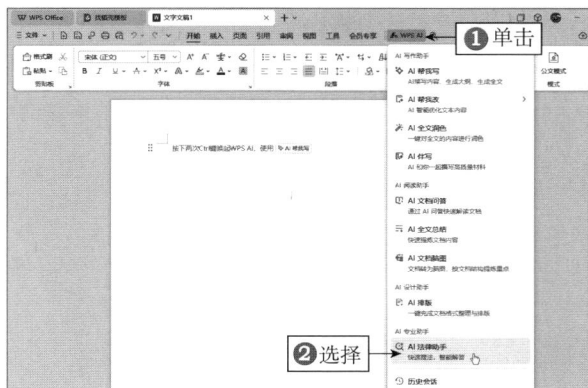

图 10-2　选择"AI 法律助手"选项　　　　图 10-3　弹出"AI 法律助手"面板

步骤 04 在输入框中输入相应指令，单击➤按钮发送指令，即可向 AI 询问虚假招聘的法律风险。相关指令及回复内容如下。

指令

　　某公司发布了一则招聘广告，但在广告中虚假夸大了薪资福利和职位职责，导致求职者在进入公司后发现实际待遇与广告不符，求职者因此提出诉讼，要求赔偿经济损失。在此案例中，该公司虚假招聘，将承担哪些法律风险？

WPS

　　在此案例中，该公司因虚假招聘将承担民事赔偿责任，并可能面临行政处罚的法律风险。

　　问题分析

　　一、民事赔偿责任

　　1. 根据求职者提供的诉讼理由，公司发布的招聘广告中虚假夸大了薪资福利和职位职责，导致求职者实际待遇与广告不符，这构成了对求职者的欺诈行为。

　　2. 参照《最高人民法院关于审理证券市场因虚假陈述引发的民事赔偿案件的若干规定》（尽管该规定针对的是证券市场，但其中关于虚假陈述导致民事赔偿责任的原则可类比适用）公司应对其虚假招聘给求职者造成的损失承担民事赔偿责任。

　　3. 求职者有权要求公司赔偿因虚假招聘导致的经济损失，包括但不限于工资差额、精神损失等。

二、行政处罚风险

1. 公司发布虚假招聘广告，违反了广告管理法律法规的相关规定。

2. 参照《江西省劳动力市场管理条例》中关于虚假招用人员广告的处罚规定，公司可能面临工商行政管理部门的行政处罚，包括但不限于罚款、吊销营业执照等。

法律依据

......

专家提醒

WPS AI 除了为用户分析案例、解答法律风险问题，还为用户提供了注意事项和正确的处理方法。篇幅原因，本章 AI 回复的内容只展示了部分问题分析要点，详细的回复文案请查看随书提供的效果文件；或者使用本案例的操作方法和 AI 指令，在WPS 中向 AI 进行询问，获得 AI 法律助手的回复。

10.1.2　问 AI 先入职后体检的法律风险

扫码观看教学视频

一些公司会要求员工先入职再进行体检，但此做法若未事先告知员工或未符合法律规定，可能引发法律争议。尤其是对于体检不合格的员工，企业是否能够依法解除劳动合同也存在一定风险。

用户可以通过 WPS AI 的"AI 法律助手"功能，向 AI 询问先入职后体检的法律风险。案例指令及回复内容如下。

指令

某公司要求员工在入职后进行体检，结果发现部分员工体检不合格，HR 未在通知书中明确说明体检标准和后续处理方式，导致员工对体检结果产生疑虑，并提出诉讼。在此案例中，该公司将承担哪些法律风险？

WPS

在此案例中，该公司可能面临的主要法律风险包括：违反劳动法律法规、承担因未明确告知体检标准和后续处理方式而产生的赔偿责任，以及可能面临的劳动争议仲裁或诉讼。

问题分析

1. 违反劳动法律法规：公司在入职后进行体检并要求员工达到某种健康标准，但未在通知书中明确说明体检标准和后续处理方式，可能违反了《中华人民共和国劳动法》及其实施条例中关于劳动者权益保护的规定。特别是当体检结果对员工的工作机会产生直接影响时，公司应当确保体检过程的公正性、透明性和合法性。

2. 承担赔偿责任：由于公司未明确告知体检标准和后续处理方式，员工对体检结果产生疑虑并提出诉讼，公司可能需要承担因未履行告知义务而产生的赔偿责任。这包括可能的工资损失、精神损害赔偿等。

3. 劳动争议仲裁或诉讼：员工可能会向劳动争议仲裁委员会或法院提起诉讼，要求公司解释体检结果、提供合理的后续处理方式或恢复其工作机会。这将给公司带来额外的法律成本和声誉损失。

……

注意事项

1. 明确体检标准和后续处理方式：公司在入职体检前应当明确告知员工体检的标准、目的和后续处理方式，以避免因信息不透明而产生的疑虑和纠纷。

2. 遵守劳动法律法规：公司应当严格遵守劳动法律法规，确保体检过程公正、透明和合法，不侵犯员工的合法权益。

3. 加强内部沟通和管理：公司应当加强内部沟通和管理，确保 HR 等管理人员了解并遵守相关法律法规和政策要求，避免因管理不当而产生的法律风险。

10.1.3 问 AI 劳动合同条款缺失的法律风险

扫码观看教学视频

劳动合同是雇佣关系中的核心文件，合同条款的缺失或不合规可能导致合同无效或员工索赔风险。

用户可以通过 WPS AI 的 "AI 法律助手" 功能，向 AI 询问劳动合同条款缺失的法律风险。案例指令及回复内容如下。

指令

某公司在劳动合同中，由于未明确规定员工的工作时间和休息日导致员工对工作时间提出异议。在此案例中，该公司将面临哪些法律风险？

WPS

某公司在劳动合同中未明确规定员工的工作时间和休息日，将面临支付加班费、经济补偿金以及可能因违反劳动法规定而引发的诉讼和罚款等法律风险。

问题分析

1. 劳动合同不明确导致的纠纷：由于劳动合同中未明确规定员工的工作时间和休息日，员工可能对实际工作时间和休息日安排提出异议，从而引发劳动争议。

2. 加班费支付风险：若公司实际安排的工作时间超出了法定工作时间，且未与员工就加班费达成一致，公司将面临支付加班费的风险。根据《中华人民共和国劳动法》第四十四条的规定，用人单位在法定休假日安排劳动者工作的，应支付不低于工资的百分之三百的工资报酬。

3. 经济补偿金和赔偿金风险：若公司因未明确工作时间和休息日而违反了劳动法规定，员工有权要求解除劳动合同并主张经济补偿金。同时，若公司的行为给员工造成了损失，员工还可能要求公司支付赔偿金。

4. 诉讼和罚款风险：若劳动争议未能通过协商或调解解决，员工可能会提起劳动仲裁或诉讼。在此过程中，公司不仅需要承担可能的败诉风险，还可能因违反劳动法规定而面临罚款等行政处罚。

......

注意事项

明确劳动合同条款：公司应在劳动合同中明确规定员工的工作时间和休息日，以避免因条款不明确而引发的劳动争议。

加强劳动法规培训：公司应加强对员工的劳动法规培训，提高员工的法律意识，确保公司的用工行为符合法律法规要求。

建立健全加班管理制度：公司应建立健全加班管理制度，明确加班的审批流程、加班费的计算标准和支付方式等，以确保员工的合法权益得到保障。

10.1.4 问 AI 就业协议的法律效力及风险

就业协议在某些行业和岗位中起着与劳动合同类似的作用，尤其是在非正式雇佣关系中。如果企业在就业协议中未明确协议条款或协议不符合法律规定，可能导致协议无效。

扫码观看教学视频

用户可以通过 WPS AI 的"AI 法律助手"功能，向 AI 询问就业协议的法律效力

及风险。案例指令及回复内容如下。

指令

某公司在与外包员工签订就业协议时，未明确规定员工的工作内容及薪酬待遇，导致员工与公司发生争议。在此案例中，就业协议是否还具备法律效力？该公司将面临哪些法律风险？

WPS

在此案例中，就业协议因缺乏必要条款，其法律效力存在瑕疵。公司可能面临合同无效、支付劳动报酬和经济补偿以及赔偿员工损失等法律风险。

问题分析

就业协议作为确立劳动关系双方权利义务的重要文件，应当明确约定员工的工作内容、薪酬待遇等核心条款。根据提供的法律资料，劳动合同被确认为无效时，用人单位需按照法律规定向劳动者支付劳动报酬和经济补偿，甚至可能因合同无效给员工造成损害而承担赔偿责任。在本案例中，由于就业协议未明确规定员工的工作内容及薪酬待遇，这可能导致协议部分或全部无效。

法律依据

……

注意事项

明确约定条款：公司在与员工签订就业协议时，应确保协议中明确约定员工的工作内容、薪酬待遇等核心条款，以避免因约定不明而引发的劳动争议。

合规审查：在签订就业协议前，公司应进行合规审查，确保协议内容符合法律法规的要求，避免因违法条款而导致协议无效。

争议解决机制：协议中应约定争议解决机制，以便在发生争议时能够迅速、有效地解决，降低法律风险。

保留证据：公司在与员工签订、履行及解除就业协议过程中，应妥善保留相关证据，以便在争议解决过程中证明自己的主张。

10.1.5　问 AI "不符合录用条件" 的解除风险

当招聘人员发现应聘者不符合录用条件时，企业需要依法解除录用，发送 "不符合录用条件" 的通知时，HR 应确保通知书中没有违

扫码观看教学视频

反劳动法的条款。

例如，若企业因员工的健康状况或个人背景问题不予录用，需要在通知中明确解除录用的法律依据，以避免引发歧视或不当解雇的法律风险。

用户可以通过 WPS AI 的"AI法律助手"功能，向 AI 询问关于"不符合录用条件"的解除风险。案例指令及回复内容如下。

指令

某公司在招聘时，发现应聘者的健康状况不符合公司的录用标准，向其发送了一份"不符合录用条件"的通知，但未明确说明解除录用的具体原因，导致应聘者提出歧视诉讼。在此案例中，该公司将面临哪些法律风险？

WPS

在此案例中，该公司因未明确说明解除录用的具体原因，而面临就业歧视诉讼的法律风险，可能需承担违法解除劳动关系及就业歧视的赔偿责任。

问题分析

1. 解除录用原因不明确：公司向应聘者发送了"不符合录用条件"的通知，但未明确说明具体原因，这种做法在招聘过程中缺乏透明度，容易引发应聘者的不满和质疑。

2. 可能构成就业歧视：由于未明确说明原因，应聘者有理由怀疑公司是基于其健康状况而做出的决定，从而构成就业歧视。特别是在当前强调平等就业和反对就业歧视的法律环境下，这种怀疑可能转化为实际的法律诉讼。

3. 法律风险增加：由于公司未能提供充分的理由和证据来支持其解除录用的决定，一旦进入法律程序，公司将面临较大的法律风险，包括可能被判违法解除劳动关系及承担就业歧视的赔偿责任。

……

注意事项

1. 明确录用标准：公司在招聘前应明确录用标准，并在招聘过程中公开、透明地执行这些标准。

2. 提供充分理由和证据：如公司决定解除录用，应明确说明原因，并提供充分的证据支持其决定，以避免构成就业歧视。

3. 加强内部培训：公司应加强对招聘人员的培训，增强其法律意识和职业素养，确保招聘过程的合法性和合规性。

4. 建立投诉机制：公司应建立有效的投诉机制，及时回应应聘者的质疑和投诉，避免矛盾升级和引发法律诉讼。

10.1.6　问 AI 到法定退休年龄是否还有劳动关系

随着人口老龄化的加剧，很多员工在达到法定退休年龄后仍继续工作。此时，企业需要明确员工是否仍然维持劳动关系，尤其是相关的社会保险和福利待遇等。

通过 WPS AI 的"AI 法律助手"功能，HR 可以快速查询相关法律规定，确保退休员工的劳动关系处理符合法律要求。案例指令及回复内容如下。

指令

某公司的一位员工已达到法定退休年龄，继续在公司工作，但未明确劳动关系是否延续。查询法定退休年龄员工的劳动关系是否依旧有效，及其对应的法律责任

WPS

对于已达到法定退休年龄的员工继续在公司工作而未明确劳动关系是否延续的情况，其劳动关系一般视为已终止，转而形成劳务关系。公司在此情况下应承担的法律责任主要基于双方约定的劳务合同内容，而非劳动法规定的用人单位责任。

问题分析

一、法定退休年龄与劳动关系终止

1. 根据《中华人民共和国劳动合同法》第二十一条规定，劳动者达到法定退休年龄的，劳动合同终止。

2. 多数司法实践和法律规定，如《最高人民法院关于审理劳动争议案件适用法律问题的解释（一）》第三十二条，也支持劳动者达到法定退休年龄或享受养老保险待遇后，与用人单位的用工关系按劳务关系处理。

二、劳务关系的法律责任

1. 劳务关系下，双方的权利和义务主要基于劳务合同的约定。

2. 用人单位无须承担劳动法规定的如社会保险、加班费、带薪年休假等责任。

3. 但若劳务合同中约定了相关福利或保障，用人单位应依约履行。

三、特殊情况

1. 对于企业停薪留职人员、未达到法定退休年龄的内退人员、下岗待岗人员以及企业经营性停产放长假人员，因与新的用人单位发生用工争议而提起诉讼的，人民法院应当按劳动关系处理。

2. 若劳动者在达到法定退休年龄前即在用人单位工作，虽然达到了法定退休年龄，但因社保缴费年限不到不能领取退休金或养老保险待遇的，或未缴养老保险的，或未建立养老保险的，如超过法定退休年龄仍在原用人单位继续工作的，对超过法定退休年龄继续工作的期间仍按劳动关系处理。

......

10.1.7 问 AI 限制或禁止员工兼职是否合规

扫码观看教学视频

在当今多元化的工作环境中，员工兼职已成为一种常见现象。许多企业出于保护自身利益、避免利益冲突或提高员工工作效率的考虑，可能会希望对员工兼职进行一定的限制或禁止。然而，这种做法是否合规、合法，需要依据劳动法及相关法律规定来审视。

通过 WPS AI 的"AI 法律助手"功能，HR 可以快速询问 AI 限制或禁止员工兼职是否合规。案例指令及回复内容如下。

指令

某公司规定员工在工作期间不得兼职，且员工在签署劳动合同时同意这一条款。然而，一名员工在兼职过程中并未影响到其本职工作，且兼职内容与公司业务无关。员工认为该限制不合理，并提出了投诉。以上情况是否合规？

WPS

在本案例中，尽管员工在兼职过程中并未影响到其本职工作，且兼职内容与公司业务无关，但如公司规章制度或劳动合同中明确规定了员工不得兼职的条款，且该条款不违反法律法规的强制性规定，则该条款对员工具有约束力。员工提出的投诉可能无法得到支持。

问题分析

1. 首先，根据提供的法律资料，虽然并未直接涉及一般企业的员工兼职问题，但它表明了法律对于特定人员兼职的限制态度。然而，对于一般企业员工兼职的限制，主要应依据公司的规章制度和劳动合同的约定。

2. 在本案例中，员工与公司签署的劳动合同中明确规定了员工不得兼职的条款。这一条款是双方自愿达成的协议，对员工具有约束力。

3. 员工认为该限制不合理，并提出了投诉。然而，员工兼职是否合理，不仅取决于兼职行为本身是否影响本职工作或兼职内容是否与公司业务相关，还取决于公司与员工之间的约定。在本案例中，由于双方已经明确约定了员工不得兼职，因此员工提出的投诉可能无法得到支持。

……

注意事项

用人单位在制定规章制度或与员工签署劳动合同时，应有明确约定员工不得兼职的条款，并告知员工该条款的法律效力和后果。

在处理员工兼职问题时，用人单位应充分考虑员工的合法权益和公司的商业秘密保护需求，避免侵犯员工的合法权益或泄露公司的商业秘密。

如果员工确实存在兼职行为，但并未违反法律法规或劳动合同的约定，且未对公司的业务造成不良影响，用人单位应谨慎处理员工的投诉，避免引发不必要的劳动争议。

10.1.8　问 AI 带薪年休假的相关法律风险

扫码观看教学视频

带薪年休假是员工在工作一年后依法享有的休假权利，企业应当根据《中华人民共和国劳动法》《职工带薪年休假条例》等法律法规，按照规定为员工提供年休假。

然而，带薪年休假的管理和执行过程中，企业往往面临一些法律风险。例如，如何合理计算员工的年假天数，年假未休是否可以结转或赔偿，员工年假期间是否应当支付工资等问题，若处理不当，可能会引发劳动争议。

HR 需要清楚理解带薪年休假的相关法律规定，避免因管理不当而产生的法律风险。通过 WPS AI 的"AI 法律助手"功能，HR 可以询问 AI 带薪年休假的相关法律风险，确保在处理员工年休假时符合法律要求。案例指令及回复内容如下。

指令

> 某公司未按照法律规定计算员工的年假天数，导致员工实际未休足规定的年假，员工随后提起诉讼，要求赔偿未休年假所带来的经济损失。根据该案例的情况，查询带薪年休假的相关法律风险

WPS

针对某公司未按照法律规定计算员工的年假天数，导致员工实际未休足规定的年假，员工提起诉讼要求赔偿未休年假经济损失的情况，法律风险主要包括：单位可能面临支付年休假工资报酬及赔偿金的法律责任，以及因诉讼产生的其他潜在法律后果。

问题分析

一、年假天数计算与安排

1. 根据《职工带薪年休假条例》第五条，单位应根据生产、工作具体情况，并考虑职工本人意愿，统筹安排职工年休假。年休假在 1 个年度内可以集中安排，也可以分段安排，一般不跨年度安排。但单位因生产、工作特点确有必要跨年度安排职工年休假的，可以跨 1 个年度安排。

2. 若单位未按照法律规定计算年假天数或未安排员工休年假，将构成违法行为。

二、法律责任

1. 根据《职工带薪年休假条例》第七条，单位不安排职工休年休假又不依照本条例规定给予年休假工资报酬的，由县级以上地方人民政府人事部门或者劳动保障部门责令限期改正；逾期不改正的，除了责令支付年休假工资报酬，还需按年休假工资报酬的数额向职工加付赔偿金。

2. 本案中，若员工能证明其未休足规定的年假且单位未支付相应报酬，则单位将面临支付年休假工资报酬及赔偿金的法律责任。

三、诉讼风险

1. 员工提起诉讼后，单位需承担应诉成本，包括律师费、诉讼费等。

2. 若单位败诉，除了需支付年休假工资报酬及赔偿金，还可能影响单位声誉及员工士气。

......

10.1.9　问 AI 病假和医疗期的法规及工资

病假和医疗期是劳动法中涉及员工健康保护的两个重要部分。在员工因疾病或伤害导致无法工作时，企业应根据相关法律规定为员工提供病假及医疗期的保障。在企业处理病假和职工在医疗期间涉及的主要问题包括员工病假期间的工资支付、医疗期的时限以及病假工资的计算标准等。

为了确保企业在病假和医疗期管理上的合规，避免因操作不当而引发劳动争议，HR 需要深入了解病假和医疗期的相关法规及工资支付问题。通过 WPS AI 的"AI 法律助手"功能，HR 可以询问 AI 病假和医疗期的相关法规及工资支付标准。案例指令及回复内容如下。

指令

某员工因患病申请病假，公司未支付员工病假期间的全额工资，而是根据最低工资标准支付，员工因此提出诉讼，要求支付补充差额。在该案例中，员工的诉求是否合规？HR 应了解哪些相关法规？公司应按什么标准支付工资？

WPS

员工的诉求合规。HR 应了解《深圳市员工工资支付条例》、劳动部发布的关于《企业职工患病或非因工负伤医疗期规定》的通知、《关于贯彻执行〈中华人民共和国劳动法〉若干问题的意见》的通知等相关法规。公司应按不低于员工标准工资的百分之六十支付病假工资，但不得低于最低工资的百分之八十的标准支付工资。

问题分析

1. 员工诉求合规性：员工因患病申请病假，公司未支付全额工资，而是按照最低工资标准支付，员工因此提出诉讼要求支付补充差额。根据提供的法律资料，员工的诉求是合规的。因为根据相关规定，员工在病假期间有权获得一定比例的病假工资，该比例通常不低于最低工资标准的百分之八十，并可能根据具体情况（如员工标准工资）有所调整。

2. HR 应了解的法规：HR 在处理此类病假工资问题时，应了解并遵守相关法律法规。包括但不限于《深圳市员工工资支付条例》——该条例规定了病假工资的支付标准；以及劳动部发布的关于《企业职工患病或非因工负伤医疗期规定》的通知、《关于贯彻执行〈中华人民共和国劳动法〉若干问题的意见》的通知——这些文件提供了关于医疗期和病假工资支付的详细规定。

3. 公司支付工资的标准：公司支付病假工资的标准应不低于员工标准工资的百分之六十，但不得低于最低工资的百分之八十。这是根据相关法律法规的规定得出的结论。

……

注意事项

HR 在处理病假工资问题时，应仔细审查员工的病假申请和医疗证明，确保员工确实因病需要停止工作，进行治疗。

在支付病假工资时，HR 应严格按照相关法律法规的规定执行，确保支付的病假工资不低于员工标准工资的百分之六十且不低于最低工资的百分之八十。

如遇员工对病假工资支付提出异议或诉讼的情况，HR 应积极应对，配合公司提供相关证据和材料，以维护公司的合法权益。

10.1.10 问 AI 婚丧假的法规及工资

婚丧假是指员工因结婚或直系亲属去世而依法享有的假期，对于企业的人力资源管理也具有重要意义。HR 在处理婚丧假时，必须遵守相关法律法规，以确保员工的权益不受侵犯，同时避免因操作不当而引发劳动争议。

扫码观看教学视频

通过 WPS AI 的"AI 法律助手"功能，HR 可以快速查询和掌握婚丧假的相关法律规定及工资支付标准。案例指令及回复内容如下。

指令

某员工结婚时，公司根据当地法规给予其 7 天婚假，但未支付婚假期间的全薪。员工提出诉讼，要求公司支付未支付的婚假工资。在该案例中，员工的诉求是否合规？HR 应了解哪些相关法规？公司应按什么标准支付工资？

WPS

员工的诉求合规。HR 应了解《中华人民共和国劳动法》《最高人民法院关于审理劳动争议案件适用法律问题的解释》（一）及相关地方性法规中关于婚假工资支付的规定。公司应按员工正常工资标准支付婚假期间的工资。

问题分析

一、员工诉求合规性

1. 员工依法享有婚假权利，且婚假期间工资应得到保障。在本案例中，公司虽给予员工 7 天婚假，但未支付全薪，违反了相关法律规定。

2. 员工提出诉讼要求支付未支付的婚假工资，是维护自身合法权益的正当行为。

二、HR 应了解的法规

1.《中华人民共和国劳动法》第五十一条规定："劳动者在法定休假日和婚丧假期间以及依法参加社会活动期间，用人单位应当依法支付工资。"

2.《最高人民法院关于审理劳动争议案件适用法律问题的解释》（一）及相关条款，涉及用人单位在劳动争议中的举证责任及劳动者权益的保护。

3. 地方性法规可能规定了额外的婚假天数，但本案中主要关注的是婚假期间的工资支付问题。

三、公司支付工资的标准

1. 公司应按员工正常工资标准支付婚假期间的工资，包括基本工资、奖金、津贴等（除非地方性法规或公司规章制度另有规定，且该规定不违反法律法规）。

2. 在本案中，公司未支付婚假期间的全薪，显然违反了法律规定。

……

10.1.11　问 AI 产假和生育假的法规及工资

产假和生育假是为了保障女性员工在怀孕、分娩及产后恢复期间的法定权益。这些假期旨在保护女性的生育权利，并帮助她们顺利过渡到职场和家庭之间平衡的状态。HR 在处理员工的产假和生育假时，必须严格遵循法律规定。

扫码观看教学视频

通过 WPS AI 的"AI 法律助手"功能，HR 可以快速查询并掌握产假和生育假的相关法律规定及工资支付标准。案例指令及回复内容如下。

指令

四川省某公司女性员工因分娩申请产假，公司在了解其分娩日期后，提供了 98 天产假。在该案例中，公司提供的产假天数是否合规？员工产假期间，公司是否需要为其缴纳社保？应按什么标准支付工资？HR 应了解哪些相关法规？

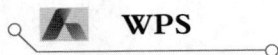

WPS

1. 公司提供的 98 天产假不符合全面合规要求，未考虑地方奖励假。

2. 公司需要在员工产假期间为其缴纳社保。

3. 工资支付标准应为生育津贴或员工原工资标准（取高者）。

4. HR 应了解《女职工劳动保护特别规定》及相关地方性法规。

问题分析

一、产假天数合规性

1. 根据《女职工劳动保护特别规定》第七条，女职工生育享受 98 天产假。

2. 同时，《四川省人口与计划生育条例》第二十四条规定，符合条例规定生育子女的夫妻，女方除享受国家规定的产假外，延长女方生育假六十日。

3. 因此，公司仅提供 98 天产假不符合四川省的地方性规定，应提供至少 158 天（98 天＋60 天）产假。

二、社保缴纳

员工产假期间，公司仍需为其缴纳社保，包括生育保险，以确保员工能够享受生育津贴等福利。

三、工资支付标准

……

10.1.12 问 AI 社保补贴代替缴纳的风险

扫码观看教学视频

社会保险（社保）是每个企业法定的义务，旨在保障员工在退休、医疗、工伤、生育、失业等方面的基本权益。根据相关法律法规，企业必须为员工缴纳社会保险，且缴纳标准和比例必须符合国家和地方的规定。然而，某些企业会采取用社保补贴替代直接缴纳社保的做法，这种做法可能导致法律风险和合规问题，给企业带来潜在的麻烦。

通过 WPS AI 的"AI 法律助手"功能，HR 可以向 AI 查询用社保补贴代替缴纳的法律风险。案例指令及回复内容如下。

指令

某公司为了降低成本，决定为员工提供社保补贴，将其社保费用转为现金补贴。请问这种做法面临着哪些法律风险？ HR 该如何做才能避免可能存在的法律隐患？

WPS

　　某公司为员工提供社保补贴，将其社保费用转为现金补贴的做法存在多重法律风险，主要包括违反社会保险法律法规、影响员工权益保障、可能面临行政处罚及劳动纠纷等。HR 应通过确保合法缴纳社保、加强员工权益保障、完善内部管理制度及加强法律法规培训等方式，避免可能存在的法律隐患。

　　问题分析

　　1. 违反社会保险法律法规：根据《中华人民共和国社会保险法》及相关规定，用人单位有义务为员工缴纳社会保险费用。将社保费用转为现金补贴，实质上是逃避了用人单位的缴费责任，违反了社会保险法律法规。

　　2. 影响员工权益保障：社保是员工的基本权益之一，包括养老保险、医疗保险、失业保险等，对于员工的未来生活和健康具有重要影响。将社保费用转为现金补贴，虽然短期内可能增加员工的现金收入，但长期来看，员工将失去社保带来的保障。

　　3. 可能面临行政处罚：用人单位未按规定缴纳社会保险费用的，根据《中华人民共和国社会保险法》及相关规定，可能面临劳动行政部门的处罚，包括罚款、责令限期缴纳等。

　　4. 引发劳动纠纷：将社保费用转为现金补贴的做法可能引发员工与用人单位之间的劳动纠纷。员工可能认为用人单位侵犯了其合法权益，从而提起劳动仲裁或诉讼。

　　法律依据

　　……

10.1.13　问 AI 企业解除劳动合同的风险

　　解除劳动合同是企业与员工之间的重要法律行为，涉及员工的权益保护和企业的合规责任。常见的解除劳动合同的合法理由包括员工严重违反公司规章制度、员工无法胜任工作、企业经济原因等。

　　企业在解除劳动合同的过程中，若未遵循相关法律规定，可能会面临一系列法律风险，包括但不限于赔偿责任、劳动争议和行政处罚等。因此，企业在解除劳动合同前，必须充分了解并评估其中的法律风险，确保操作符合法律要求。

　　通过 WPS AI 的"AI 法律助手"功能，HR 可以向 AI 查询企业单方面解除劳动合同的法律风险。案例指令及回复内容如下。

扫码观看教学视频

指令

> 某公司在未与员工进行充分沟通的情况下，单方面解除了一名员工的劳动合同，理由是该员工工作表现不佳，员工通过仲裁要求公司支付经济补偿。在该案例中，公司单方面解除劳动合同的这种做法面临着哪些法律风险？

WPS

公司单方面解除劳动合同的做法面临着支付经济补偿金、赔偿金以及可能被视为违法解除劳动合同的法律风险。

问题分析

1. 缺乏充分沟通：公司在未与员工进行充分沟通的情况下单方面解除劳动合同，这种做法可能违反了劳动法的相关规定，特别是当员工对解除合同的决定存在异议时。根据劳动法的精神，雇主在解雇员工前应当给予员工合理的解释和机会进行申诉。

2. 解雇理由的合理性：公司给出的解雇理由是员工工作表现不佳。然而，这一理由需要具体证据支持，如员工的工作绩效评估、违规行为的记录等。如果公司无法提供充分的证据支持其解雇决定，那么这一决定可能会被视为不合法。

3. 员工仲裁要求：员工已经通过仲裁要求公司支付经济补偿。这表明员工认为公司的解雇决定是不合理的，且希望获得法律上的救济。在仲裁过程中，如果公司无法证明其解雇决定的合法性，那么员工可能会获得经济补偿或其他形式的赔偿。

……

注意事项

确保解雇决定的合法性：公司在解雇员工前，应确保解雇决定的合法性，并提供充分的证据来支持其决定。

遵循法定程序：公司在解雇员工时，应遵循法定的程序和规定，如事先通知工会、给予员工申诉的机会等。

考虑经济补偿：如果公司的解雇决定被认定为不合法或存在争议，公司可能需要支付经济补偿金或赔偿金给员工。因此，在做出解雇决定前，公司应充分考虑其可能面临的法律风险和经济成本。

10.1.14　问 AI 业务外包的劳动关系风险

在现代企业运营中，业务外包已成为优化资源、降低成本的一种常见做法。通过外包，企业可以将部分非核心业务交给外部专业机构处理，从而提升效率。然而，业务外包虽然有其优势，但也伴随着一定的法律风险。

在业务外包中，企业与外包服务提供方之间并不直接建立劳动关系，但在某些情况下，外包方的员工可能会被视为企业的间接雇员，尤其是在涉及工作安全、福利、薪酬等方面时。因此，企业应特别注意外包过程中可能产生的劳动责任问题。

通过 WPS AI 的"AI 法律助手"功能，HR 可以向 AI 查询业务外包的劳动关系问题和法律风险。案例指令及回复内容如下。

指令

某公司一直通过外包获得客服支持服务，后来其中一名客服人员在工作期间发生了工伤事故，要向该公司索赔。在该案例中，公司会面临哪些外包的劳动关系问题和法律风险？HR 该如何处理业务外包的劳动关系？

WPS

在此案例中，公司可能面临外包劳动关系确认、工伤赔偿责任归属等法律问题。HR 应当明确外包协议中的法律关系，确保外包方具备合法资质，并妥善处理外包员工的工伤赔偿事宜。

问题分析

一、外包劳动关系确认问题

1. 案例中，客服人员虽然通过外包公司派遣至用工公司工作，但一旦发生工伤事故，用工公司可能会面临与外包员工之间是否存在劳动关系的争议。劳动关系的认定需要严格依据法律规定，不能仅凭双方在赔偿协议中的表述来认定。

2. 若外包协议或实际操作中未能明确区分用工公司与外包服务商之间的责任，可能导致用工公司被认定为与外包员工存在劳动关系，从而承担不必要的法律责任。

二、工伤赔偿责任归属问题

1. 根据《工伤保险条例》及相关法律法规，用人单位应当为其职工参加工伤保险。然而，在外包关系中，用工公司可能并未直接为外包员工参加工伤保险。

2. 若外包员工发生工伤事故，用工公司可能会面临工伤赔偿责任的争议。工伤赔偿费用包括一次性伤残补助金、一次性工伤医疗补助金、停工留薪期工资等多项费用，若处理不当，将给公司造成较大的经济损失。

……

注意事项

1. 明确外包协议中的法律关系：HR 在签订外包协议时，应明确约定用工公司与外包服务商之间的法律关系，确保双方责任清晰明确。

2. 确保外包服务商具备合法资质：HR 在选择外包服务商时，应审查其是否具备从事相关业务所需的合法资质，如劳务派遣许可证、安全生产许可证等。

……

10.1.15 问 AI 规章制度的合法性与合规性

扫码观看教学视频

企业的规章制度是企业内部管理和运营的基本框架，明确了员工行为规范、工作职责、奖惩措施等内容。合理的规章制度不仅能提高企业的运营效率，还能确保员工遵守公司政策，维护组织秩序。然而，在制定和实施规章制度时，若未遵循相关法律法规，可能导致法律风险，甚至引发员工诉讼或监管处罚。

通过 WPS AI 的"AI 法律助手"功能，HR 可以向 AI 查询规章制度的合法性与合规性。案例指令及回复内容如下。

指令

某公司在规章制度中规定，女性员工不得从事夜班工作，但没有合理的理由。在此案例中，该公司的规章制度是否具备合法性与合规性？

WPS

该公司的规章制度中"女性员工不得从事夜班工作"的规定不具备合法性与合规性，违反了相关法律法规对于女职工劳动权益的保护规定。

问题分析

首先，我国多部法律法规均明确规定女职工享有平等的劳动权利，并对女职工的特殊劳动保护做出具体规定，但并未规定女性员工不得从事夜班工作。相反，《中华人民共和国劳动法》《就业促进法》《中华人民共和国妇女权益保障法》

等法律法规均强调女性享有与男性平等的就业权利，且《女职工劳动保护特别规定》等法律法规也仅对女职工在经期、孕期、产期、哺乳期等特定时期的劳动保护做出具体规定，并未禁止女性从事夜班工作。

其次，该公司规章制度中的该规定没有合理的理由，显然构成对女性员工的就业歧视，违反了平等就业的原则。根据相关法律法规，用人单位在招聘、用工过程中，不得对女性员工进行性别歧视，包括不得因性别原因限制女性员工的就业岗位、工作时间等。

因此，该公司的规章制度中"女性员工不得从事夜班工作"的规定不具备合法性与合规性。

……

注意事项

用人单位在制定规章制度时，应严格遵守相关法律法规的规定，确保规章制度的合法性与合规性。

用人单位应尊重女职工的劳动权益，不得因性别原因对女职工进行就业歧视。

用人单位应加强对女职工的特殊劳动保护，确保女职工在经期、孕期、产期、哺乳期等特定时期的健康和安全。

用人单位应定期对规章制度进行审查和更新，确保其符合法律法规的最新要求。

10.2　用工风险预防与应对

在企业的日常运营中，用工风险管理是确保公司长期稳定发展的关键因素之一。随着人工智能技术的发展，AI 工具的应用在用工风险的预防与应对方面展现了巨大的潜力。本节将通过具体案例向大家介绍如何通过 WPS AI 来有效识别、预防和应对用工风险，确保企业用工的合规性与员工权益的保护。

10.2.1　用 AI 生成面试测谎技巧

面试是企业招聘过程中的重要环节，但招聘过程中也常常面临虚假陈述的风险。部分应聘者在面试中可能夸大自己的能力或经验，甚

扫码观看教学视频

至隐瞒关键事实，给企业的用工决策带来隐患。

为了有效识别虚假陈述，HR 可以利用 WPS AI 生成面试测谎技巧，判断应聘者言辞中的不一致性或矛盾点，从而做出更加准确的判断，具体操作如下。

步骤 01 在 WPS 中新建一个文字文档，按下两次【Ctrl】键，即可唤起 WPS AI，并弹出输入框和功能列表框，如图 10-4 所示。

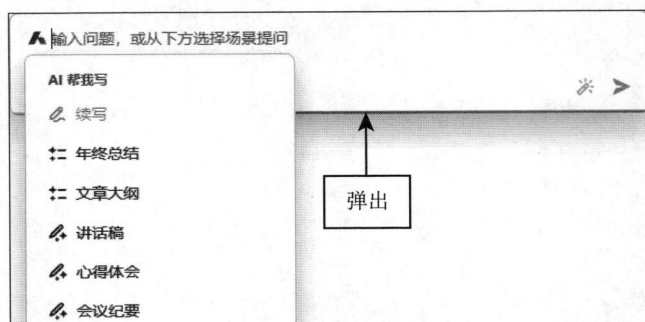

图 10-4 弹出输入框和功能列表框

步骤 02 ❶在输入框中输入一个相应的指令，如"生成面试测谎技巧"；❷单击"优化指令"按钮 ，如图 10-5 所示。

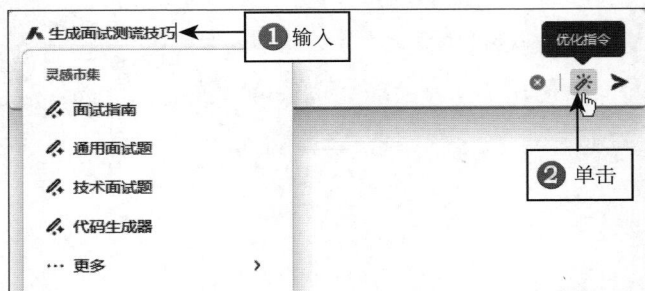

图 10-5 单击"优化指令"按钮

步骤 03 执行操作后，AI 即可优化指令，使指令更加完善，如图 10-6 所示。

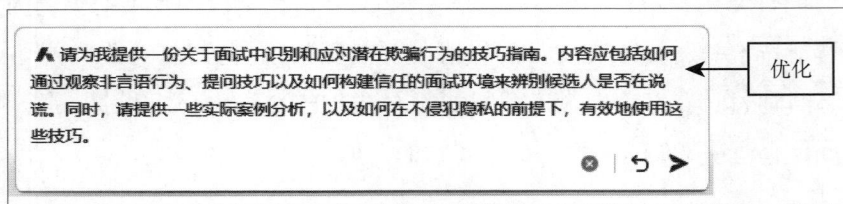

图 10-6 AI 优化指令

步骤 04 单击 按钮发送指令，即可让 AI 生成面试测谎技巧，单击"保留"按钮，如图 10-7 所示。

在使用上述技巧时，面试官应确保不侵犯候选人的隐私权。以下是一些建议：

1、尊重个人隐私：避免询问与面试职位无关的个人信息，如家庭背景、婚姻状况等。

2、合法合规：确保所有面试流程和问题都符合相关法律法规的要求。

3、保持透明：在面试过程中，明确告知候选人将采用哪些技巧和方法来评估其表现。

4、建立反馈机制：在面试结束后，为候选人提供反馈机会，以了解其感受和建议，从而不断改进面试流程。

AI生成的内容仅供参考，请注意甄别信息准确性　✓　👍　👎　…

　　　　　　　　　　　　　　　　　　　　　单击

←　请为我提供一份关于面试中识别和应对潜在欺骗…　　🕐　‹ 1/1 ›

继续输入　　　➤　　　⇌ 调整 ∨　↻ 重写　｜　🗑 弃用　保留

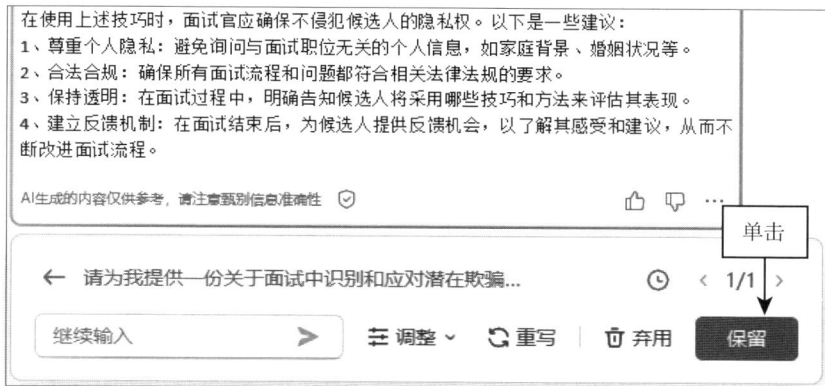

图 10-7　单击"保留"按钮

步骤 05 执行操作后，即可将生成的内容插入文档中，部分回复内容如下。

◇──── 🔷 **WPS** ────◇

面试中识别和应对潜在欺骗行为的技巧指南

一、观察非言语行为

在面试中，候选人的非言语行为往往能透露出更多真实信息。以下是一些观察技巧：

1.眼神交流：说谎者往往会避免与面试官直接对视，或者眼神闪烁不定。

2.肢体动作：紧张或说谎时，候选人可能会不自觉地做出一些小动作，如摆弄手指、挠头或频繁咽口水。

3.面部表情：面部表情的突然变化或过度夸张可能是说谎的迹象。

4、声音语调：说谎者可能会因为紧张而导致声音颤抖，或者刻意改变语调以掩盖真实情绪。

二、提问技巧

通过巧妙的提问，面试官可以进一步了解候选人的真实情况，以下是一些提问技巧：

1.开放式问题：提出开放式问题，鼓励候选人详细描述经历，以便观察其反应和回答内容的一致性。

2.压力测试：在适当的时候，可以提出一些具有挑战性的问题，观察候选人在压力下的表现。

3.情景模拟：让候选人描述在特定情境下的应对措施，以检验其真实能力和经验。

4.反问与追问：对候选人的回答进行反问或追问，观察其是否出现回避、犹豫或自相矛盾的情况。

......

10.2.2 用 AI 生成面试和入职登记注意事项

在面试和入职过程中，企业往往需要收集大量个人信息和背景资料。如何确保这些信息的合法性与合规性，避免涉及隐私泄露或不当数据收集的风险，是企业必须重视的问题。

扫码观看教学视频

通过 WPS AI 生成的面试登记表及入职登记表，可以帮助 HR 在收集信息时做到合规性审查，避免收集过多无关信息，同时确保信息的合法使用，还可以让 WPS AI 生成面试和入职登记注意事项。案例指令及回复内容如下。

指令

生成符合要求的面试登记表和入职登记表，确保收集的信息仅限于合法、必要范围；同时生成面试和入职登记注意事项

WPS

面试登记表

姓名	性别	出生日期	联系电话	电子邮箱	学历	专业	期望职位	期望薪资	工作经历	自我评价

入职登记表

姓名	性别	出生日期	联系电话	电子邮箱	学历	专业	入职日期	职位	薪资	自我评价

面试注意事项：

1.准备工作：

确认面试时间、地点，并通知候选人。

准备面试评估表和相关职位资料。

确保面试官了解职位要求和评估标准。

2.面试过程：

……

10.2.3　问 AI 如何约定培训服务期的违约金

许多企业会通过培训合同规定员工的培训服务期，若员工未按照约定服务期履行工作，可能会面临违约金。如何在培训合同中合理设置违约金条款，是企业预防培训风险的重要步骤。

通过 WPS AI 的"AI 法律助手"功能，HR 可以向 AI 获取关于培训合同中违约金条款的法律咨询，确保合同内容合理合法，避免过高的违约金导致员工的不满或诉讼。案例指令及回复内容如下。

指令

如何在培训合同中合理设置违约金条款？培训合同违约金条款是否具备合法性与合理性？能否确保违约金金额符合劳动法规定？

WPS

在培训合同中合理设置违约金条款需满足合法性、合理性及符合劳动法规定的要求。违约金的设定应基于用人单位提供的专项培训费用，且数额不得超过培训费用及因培训产生的其他直接费用。同时，违约金的设定需遵循公平、合理原则，确保不损害劳动者的合法权益。

问题分析

1.合法性：根据《中华人民共和国劳动合同法》及相关法律法规，用人单位为劳动者提供专项培训费用，进行专业技术培训的，可以与劳动者约定服务期，并在服务期内约定违约金。但违约金的设定需满足特定条件，即必须是用人单位提供的专项培训费用，且培训属于专业技术培训。

2.合理性：违约金的数额应当合理，不得超过用人单位提供的培训费用以及因培训产生的其他直接费用。这一规定旨在避免用人单位滥用违约金条款损害劳动者的权益。同时，违约金的设定应考虑劳动者的经济承受能力，避免过高导致劳动者无法承担。

3.符合劳动法规定：在设置培训合同违约金条款时，应确保不违反《中华人民共和国劳动合同法》及其他相关法律法规的规定。例如，违约金的数额不得高于法律规定的上限，且应与服务期的履行情况相匹配。

……

注意事项

明确培训费用：在设置培训合同违约金条款时，应明确培训费用的具体数额及构成，包括交通费、住宿费、教材费等因培训而实际产生的费用。……

10.2.4 问 AI 如何合法辞退严重违纪的员工

扫码观看教学视频

员工的严重违纪行为或违反公司规章制度可能导致企业面临不必要的风险。如何合法地辞退严重违纪的员工，避免公司遭遇劳动争议，成为 HR 面临的一大挑战。

借助 WPS AI 的 "AI 法律助手" 功能，HR 可以在制定解除劳动合同的相关程序时，获得专业法律建议，确保每个环节都符合劳动法，避免裁员过程中存在的法律风险。案例指令及回复内容如下。

指令

某公司因为某名员工的严重违纪行为决定解除其劳动合同。在此案例中，公司如何才能确保解除劳动合同的合法性与合规性，避免劳动争议？

WPS

为确保解除劳动合同的合法性与合规性，避免劳动争议，公司应当：

1. 确保解除依据明确且合法；

2. 遵循法定程序，包括事先通知工会；

3. 确保解除通知内容具体明确，充分告知员工解除的具体事由及依据；

4. 在解除前进行充分的事实调查和证据收集，避免基于非法或不合理的证据做出决定。

问题分析

1. 确保解除依据明确且合法：公司应当依据明确的规章制度或法律法规来解除劳动合同。例如，在涉及员工严重违纪行为时，公司应确保该行为已被明确列为可解除劳动合同的情形，并且该规章制度已经过民主程序制定并向员工公示或告知。

2. 遵循法定程序：根据《中华人民共和国劳动合同法》第四十三条，用人单位单方解除劳动合同应当事先将理由通知工会。因此，公司在做出解除劳动合同的决定前，应当事先将解除理由通知工会，以避免程序违法。

3. 确保解除通知内容具体明确：解除通知应当具体明确，充分告知员工解除的具体事由及依据。这有助于保障员工的知情权，避免员工因不了解解除原因而提起劳动争议。

4. 充分的事实调查和证据收集：公司在做出解除劳动合同的决定前，应进行充分的事实调查和证据收集。例如，对于员工的严重违纪行为，公司应收集相关证据，如书面警告、违纪记录等，以证明员工确实存在严重违纪行为。

……

10.2.5　问 AI 如何防范员工虚报病假及泡病假

病假是员工维护自己健康的合法权利，但部分员工可能虚报病假或故意泡病假，给公司带来生产力损失。如何识别虚假病假并采取有效措施，是用工管理中需要特别关注的问题。

借助 WPS AI 可以帮助 HR 通过数据分析、员工历史行为跟踪等方式，识别员工是否虚报病假及泡病假，从而减少公司因病假带来的经济损失，具体操作如下。

步骤 01　在 WPS 中，打开一个文字文档，其中显示的是某公司员工的病假记录表，部分内容如图 10-8 所示。

员工ID	姓名	病假开始日期	病假结束日期	病假类型	病假原因	备注
001	张三	2025-01-15	2025-01-17	短期病假	感冒发烧	无
001	张三	2025-03-05	2025-03-07	短期病假	重感冒	重复请病假
002	李四	2025-02-03	2025-02-05	短期病假	急性肠胃炎	无

图 10-8　打开一个文字文档（部分内容）

步骤 02　按【Ctrl + A】组合键全选表格内容，按下两次【Ctrl】键，唤起 WPS AI，弹出输入框和列表框，如图 10-9 所示。

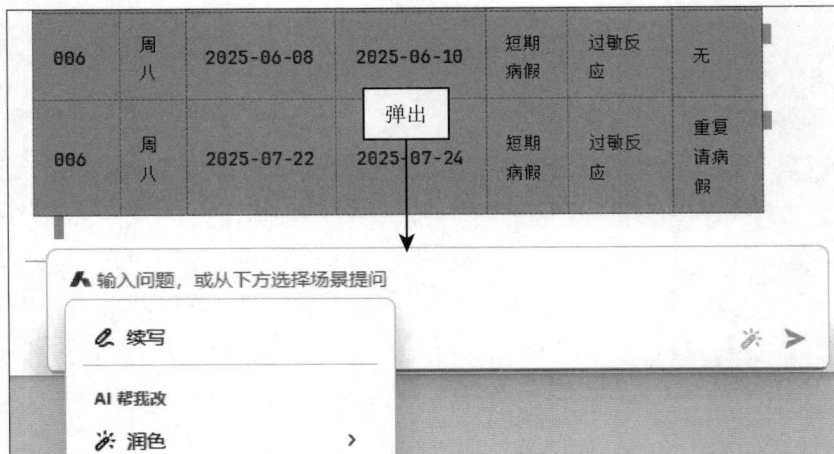

| 006 | 周八 | 2025-06-08 | 2025-06-10 | 短期病假 | 过敏反应 | 无 |
| 006 | 周八 | 2025-07-22 | 2025-07-24 | 短期病假 | 过敏反应 | 重复请病假 |

图 10-9　弹出输入框和列表框

步骤 03 在输入框中输入相应指令，单击➤按钮发送指令，指导 AI 检测员工历史病假记录，并生成防范方案。相关指令及回复内容如下。

指令

检测所选择的员工历史病假记录表，分析异常波动，识别员工是否存在虚报病假的风险，并提供防范员工虚报病假及泡病假的方案

WPS

根据文档中提供的员工历史病假记录表，我们可以分析出以下异常波动和潜在的虚报病假风险：

员工 ID 001 张三，在 2025 年 1 月 15 日至 17 日和 2025 年 3 月 5 日至 7 日分别请了短期病假，且病假原因分别为感冒发烧和重感冒。考虑到感冒和重感冒的康复周期，张三在短时间内重复请病假，可能存在虚报病假的风险。

员工 ID 002 李四，在 2025 年 2 月 3 日至 5 日和 2025 年 4 月 10 日至 12 日分别请了短期病假，病假原因均为急性肠胃炎。急性肠胃炎的复发周期通常较长，李四在短时间内再次请假，同样存在虚报病假的风险。

员工 ID 004 赵六，在 2025 年 4 月 1 日至 3 日和 2025 年 5 月 15 日至 17 日分别请了短期病假，病假原因分别为轻微食物中毒和食物中毒。食物中毒的康复周期较短，赵六在短时间内重复请病假，也存在虚报病假的风险。

员工 ID 006 周八，在 2025 年 6 月 8 日至 10 日和 2025 年 7 月 22 日至 24 日分别请了短期病假，病假原因均为过敏反应。过敏反应的康复周期因个体差异而

异，但周八在短时间内重复请病假，同样存在虚报病假的风险。

为了防范员工虚报病假及泡病假，建议采取以下方案：

一、建立完善的病假审核制度，对员工提供的病假证明进行严格审核，确保病假原因真实可靠。

二、建立病假回访机制，对员工病假期间的情况进行回访，了解员工实际康复情况，防止员工虚报病假。

三、加强员工健康教育，提高员工健康意识和自我保护能力，减少因病请假的情况。

四、建立员工信用体系，对频繁请病假且无法提供充分证明的员工进行信用评估，采取相应的管理措施。

通过以上方案，可以有效防范员工虚报病假及泡病假的风险，维护企业正常运营秩序。

10.2.6　问 AI 刚入职未缴社保就受伤如何处理

员工在入职初期未及时缴纳社会保险，却在工作中发生了意外受伤的情况，这会给企业带来法律和经济上的双重压力。在这种情况下，如何合法合规地处理员工受伤问题，既保障员工的权益，又避免企业面临不必要的法律风险，是 HR 需要重点关注的内容。

借助 WPS AI 的"AI 法律助手"功能，HR 可以准确理解相关法规，并获得应对方案。案例指令及回复内容如下。

扫码观看教学视频

指令

某公司一名员工在入职初期因工伤住院，但由于公司未及时为其缴纳社会保险，导致出现了赔偿责任争议。根据此案例，查询工伤保险适用情况及相关法规，提供关于未缴社保员工工伤处理的合法应对之法

WPS

针对员工因工伤住院而公司未及时缴纳社会保险导致的赔偿责任争议，应对之法主要包括：确认工伤赔偿责任主体、明确工伤保险待遇的支付责任以及处理因未缴纳社保而产生的赔偿责任。公司应依法承担工伤保险责任，并赔偿因未缴纳社保给员工造成的工伤待遇损失。

问题分析

1. 确认工伤赔偿责任主体：

根据《工伤保险条例》及相关司法解释，职工在工作期间因工伤亡，用人单位应承担工伤保险责任。即使职工与用人单位之间不存在劳动关系，但在法律、法规及司法解释另有规定的情况下，用人单位也会成为工伤保险责任的承担主体。

2. 明确工伤保险待遇的支付责任：

工伤保险待遇主要包括工伤医疗待遇、停工留薪期待遇、一次性伤残补助金等。根据《工伤保险条例》的规定，用人单位应依法为职工缴纳工伤保险费，如未缴纳，则由用人单位按规定的工伤保险待遇项目和标准支付费用。

3. 处理因未缴纳社保而产生的赔偿责任：

在本案中，由于公司未及时为员工缴纳社会保险，导致员工在工伤后无法享受社会保险待遇，公司应承担相应的赔偿责任。这包括支付员工因工伤产生的医疗费用、停工留薪期工资、一次性伤残补助金等。

……

10.2.7 问 AI 员工不配合缴纳社保如何应对

在某些情况下，员工可能由于各种原因拒绝缴纳社会保险，或在办理过程中不配合，给企业带来法律风险。企业必须合法、合规地处理这种情况，以避免因此遭遇政府监管的处罚或员工诉讼。

扫码观看教学视频

借助 WPS AI 的"AI 法律助手"功能，HR 可以向 AI 查询相关的社会保险法规，并获得应对方案。案例指令及回复内容如下。

指令

查询社保缴纳法律建议，并提供应对员工不配合缴纳社保问题的合法方案

WPS

针对社保缴纳法律建议及应对员工不配合缴纳社保问题的合法方案，建议企业严格遵守相关法律法规，确保员工社保权益得到保障。同时，针对员工不配合缴纳社保的情况，企业应采取合法合规的措施进行应对。

问题分析

一、社保缴纳法律建议

1. 企业应依法为员工缴纳社会保险，这是企业的法定责任。根据相关法律法规，用人单位必须为职工办理社会保险，并足额缴纳社会保险费。

2. 社保缴纳应涵盖所有在职员工，且缴纳标准应符合当地社保政策。

3. 企业应定期核查社保缴纳情况，确保无遗漏或错误。

二、应对员工不配合缴纳社保问题的合法方案

1. 加强沟通与教育：首先，企业应加强与员工的沟通，解释社保的重要性及企业依法缴纳社保的责任。通过教育引导，提高员工对社保的认识和重视程度。

2. 明确告知法律后果：对于不配合缴纳社保的员工，企业应明确告知其可能面临的法律后果，如被劳动保障行政部门处罚、影响个人社保权益等。

3. 签订协议并留存证据：在员工自愿放弃社保的情况下，企业应要求员工签署书面协议，明确放弃社保的原因及后果，并留存相关证据。但需注意，此类协议可能因违反法律法规而无效，因此企业应谨慎使用。

4. 依法处理：对于拒绝缴纳社保且经多次沟通无效的员工，企业应依法处理，如向劳动保障行政部门报告，或采取其他合法手段维护企业权益。……

10.2.8　问 AI 如何合法地降低社保成本支出

社保支出是企业日常运营中的一项重要费用。企业希望在合法合规的基础上，合理控制社保成本，确保财务健康。借助 WPS AI 的"AI 法律助手"功能，企业可以获得关于社保缴纳基数、员工类别、地区差异等方面的优化建议，从而降低社保成本支出。案例指令及回复内容如下。

扫码观看教学视频

指令

查询社保成本优化方案，获取合法的社保缴纳基数调整建议

WPS

合法的社保缴纳基数调整方案应当遵循国家法律法规，确保用人单位和员工的合法权益。社保成本优化不应通过违法手段实现，而应通过合法合规的方式，如优化内部管理、提高员工工作效率等。对于社保缴纳基数的调整，建议用人单位依法依规进行申报和缴纳，避免法律风险。

问题分析

一、社保缴纳基数的法律规定

1. 根据国家相关法律法规，社保缴纳基数应当按照员工的实际工资进行申报和缴纳，不得随意调整或虚报。

2. 用人单位应依法为员工缴存社会保险，缴费基数按有关法律法规执行。

二、社保成本优化的合法途径

1. 社保成本优化不应通过违法调整社保缴纳基数来实现，而应通过提高员工工作效率、优化内部管理等方式进行。

2. 用人单位可以通过加强员工培训、提高生产效率、优化工作流程等手段，在降低社保成本的同时，提高整体经营效益。

三、社保缴纳基数调整的风险

1. 违法调整社保缴纳基数可能导致用人单位面临法律风险和行政处罚，如被责令限期补缴、加收滞纳金等。

2. 同时，违法调整社保缴纳基数还可能损害员工的合法权益，导致员工对用人单位的信任度降低，影响企业声誉和稳定发展。

法律依据

……

10.2.9 问 AI 员工辞职申请未获批准能否离职

在员工提出辞职时，通常需要经过公司批准才能正式离职。如果员工的辞职申请未被公司批准，员工是否仍然有权离职，是一个值得关注的问题，这涉及员工与企业之间的合同约定以及劳动法的相关规定。

借助 WPS AI 的"AI 法律助手"功能，可以帮助企业与 HR 部门快速查找相关法律条文，并为企业提供处理这一情况的合法建议。案例指令及回复内容如下。

扫码观看教学视频

指令

某公司一名员工提交了辞职申请，但因公司内部程序延迟，未及时批准。在此案例中，如果员工未获得公司批准，是否可以自行离职？请查询员工辞职未获批准的合法性，获取关于员工自行解除劳动合同的法律建议

　　员工在提交辞职申请后，即使未获得公司批准，根据法律规定，在特定条件下仍可以自行离职，但需遵循一定的法律程序和规定。

　　问题分析

　　员工提交辞职申请后，其离职的合法性及程序通常受《中华人民共和国劳动合同法》及相关法律法规的约束。在此案例中，员工已提交辞职申请，但因公司内部程序延迟，未及时批准。根据《中华人民共和国劳动合同法》的相关规定，员工有权在特定情况下解除劳动合同，而无须用人单位的批准。

　　1. 员工单方解除劳动合同的情形：根据《中华人民共和国劳动合同法》第三十八条，用人单位存在特定情形时，劳动者可以解除劳动合同。然而，这些情形主要涉及用人单位的违法行为或违约行为，如未提供劳动保护、未及时足额支付劳动报酬等。在本案例中，员工辞职的原因并未明确提及这些情形，因此不能直接适用该条款。

　　2. 员工辞职的法定程序：虽然《中华人民共和国劳动法》及相关法规未明确规定员工辞职必须获得用人单位批准，但员工应遵守法定的辞职程序，如提前通知用人单位等。员工提交辞职申请后，通常应等待用人单位的回复或处理。如果用人单位未及时批准，员工是否可以直接离职，可能取决于双方劳动合同的约定及实际履行情况。

　　3. 自行离职的风险：如果员工未经批准自行离职，可能面临被认定为旷工或违反劳动合同的风险。这可能导致员工失去应得的劳动报酬、经济补偿等权益，甚至可能引发劳动争议。

　　法律依据

　　……

10.2.10 问 AI 员工随时解除劳动合同的情形

扫码观看教学视频

　　根据相关法律规定，员工在特定情况下有权随时解除劳动合同，而不需要提前通知企业或遵循正常的解约程序。了解这些情形对于企业管理者和 HR 来说至关重要，因为员工随时解除劳动合同可能会给企业带来生产和管理上的冲击，同时也可能引发法律争议。

　　借助 WPS AI 的"AI 法律助手"功能，可以帮助 HR 快速查询并理解员工能够随时解除劳动合同的具体情形，以及企业应如何应对和管理这些风险。案例指令及回复

内容如下。

指令

查询员工解除劳动合同的法定情形，并获取有关未支付工资、违反劳动条件等情形的法律解答，同时提供应对和管理员工随时解除劳动合同的方案

WPS

员工解除劳动合同的法定情形主要包括试用期内的解除、用人单位的违法行为导致的解除以及双方协商解除等。对于未支付工资、违反劳动条件等情形，员工有权依法解除劳动合同并要求经济补偿。为应对和管理员工随时解除劳动合同的情况，企业应确保遵守劳动法律法规，建立健全的劳动合同管理制度，并及时处理员工的合理诉求。

问题分析

一、员工解除劳动合同的法定情形

1. 试用期内的解除：员工在试用期内可以随时通知用人单位解除劳动合同。

2. 用人单位的违法行为导致解除：若用人单位以暴力、威胁或者非法限制人身自由的手段强迫劳动，或未按照劳动合同约定支付劳动报酬或提供劳动条件，员工有权随时解除劳动合同。

3. 双方协商解除：员工与用人单位可以就解除劳动合同达成一致意见。

二、未支付工资、违反劳动条件等情形的法律解答

1. 未支付工资：根据用人单位未按照劳动合同约定支付劳动报酬，迫使劳动者提出解除劳动合同的，用人单位应当支付劳动者的劳动报酬和经济补偿，并可支付赔偿金。

2. 违反劳动条件：若用人单位未提供劳动合同约定的劳动条件，员工有权依法解除劳动合同并要求经济补偿。

三、应对和管理员工随时解除劳动合同的方案

……

📖 10.2.11 用 AI 生成工伤相关法律风险防范

工伤事故是企业用工管理中不可避免的风险之一，尤其是在制造业、建筑业等高危行业中更为常见。企业不仅需要保障员工的安全，

扫码观看教学视频

还需要在发生工伤时合规处理，以防范由此带来的法律风险。

通过 WPS AI，可以生成工伤相关法律风险防范，以便企业能够及时识别并评估潜在的工伤风险，优化工伤防范措施，确保在发生工伤时能够依法合理处理，减少企业面临的法律责任。案例指令及回复内容如下。

指令

某建筑公司在项目施工中发生了工伤事故，一名工人在操作机械设备时受伤。在此案例中，这起事故是否符合工伤认定条件？查询工伤认定标准，获取关于工伤处理流程和赔偿责任的法律建议，模拟不同工伤事故的赔偿计算，同时生成工伤相关法律风险防范方案

WPS

这起事故是否符合工伤认定条件，需要根据以下标准进行判断：

1. 在工作时间和工作场所内，因工作原因受到伤害的；

2. 工作时间前后，在工作场所内，从事与工作有关的预备性或收尾性工作受到伤害的；

3. 在工作时间和工作场所内，因履行工作职责受到暴力等意外伤害的；

4. 患职业病的；

5. 因公外出，因工作原因受到伤害或出事故，下落不明的；

6. 上下班途中，受到非本人主要责任的交通事故或城市轨道交通、客运轮渡、火车事故伤害的。

以这个案例为例，如果工人在工作时间和工作场所操作机械设备时受伤，那么符合工伤认定条件。

关于工伤事故的处理流程和赔偿责任的法律建议如下：

一、工伤处理流程

1. 工伤认定：用人单位、职工本人或其家属、工会组织均可向工伤保险统筹地区的劳动保障行政部门申请工伤认定，并提交相关证明材料。

2. 工伤鉴定：发生工伤后，职工伤势稳定且存在残疾时，需进行劳动能力鉴定。

……

10.2.12 用 AI 生成劳动争议法律风险防范

扫码观看教学视频

劳动争议是企业与员工之间常见的法律冲突，涉及薪酬、福利、工伤、辞职、解雇等多方面问题。及时发现和预防劳动争议不仅有助于提高企业的合规管理水平，还能有效降低因争议产生的法律风险和经济损失。

通过 WPS AI，可以生成劳动争议法律风险防范，以便企业能够准确识别劳动争议的潜在风险，并采取针对性的措施进行防范，从而实现更高效、规范的劳动关系管理。案例指令及回复内容如下。

指令

某制造企业在员工离职过程中发生了工资支付的劳动争议，员工认为公司未支付其加班工资，并要求支付未发放的赔偿，企业发现与该员工签订的合同中未明确加班支付条款。在此案例中，企业是否应该进行赔偿？查询常见劳动争议类型，获取关于劳动合同条款风险和争议解决方案的法律建议，分析历史劳动争议案例并提供防范措施

WPS

在此案例中，企业是否应该进行赔偿，需依据实际情况和相关法律法规来判断。若企业确实存在未支付员工加班工资的情况，根据《中华人民共和国劳动法》第四十四条和《中华人民共和国劳动合同法》的相关规定，企业应当按照法定标准支付加班费，并在未支付的情况下，按照拖欠加班费的百分之二十五进行赔偿。

常见劳动争议类型包括因确认劳动关系、订立履行变更解除终止劳动合同、除名辞退辞职离职、工作时间休息休假社会保险福利以及劳动报酬等发生的争议。关于劳动合同条款风险和争议解决方案的法律建议，企业应确保劳动合同中明确双方的权利和义务，避免模糊不清的条款，特别是关于工资支付、加班费计算等关键内容。同时，企业需遵守劳动法律法规，保障职工的各项权益，及时足额支付职工工资，不得拖欠或克扣。

分析历史劳动争议案例，如企业未能举证证明已合法合规地支付加班费，或未能证明劳动合同中的相关条款已向员工公示或告知，企业可能面临支付赔偿金的风险。例如，某矿业公司因未能充分证明其《员工劳动纪律暂行规定》已通过

民主程序制定并向员工公示，且未能准确记录员工出勤情况，导致在劳动争议仲裁中败诉，被判支付违法解除劳动合同的赔偿金。

为防范此类劳动争议，企业应采取以下措施：

一、树立先合同、后用工的劳资观念，确保劳动合同中明确加班费的计算标准和支付方式，避免模糊不清的条款。

二、建立健全企业管理规章制度，包括加班审批制度，确保加班的合法性和合规性，同时规范员工的出勤记录和加班工时统计。……

10.2.13　问 AI 工作失误的损失扣罚标准

在企业管理中，工作失误是导致生产效率下降、客户满意度降低或财务损失的一项常见风险。为了避免类似问题反复发生，一些企业在员工工作失误后会采取扣罚措施。然而，扣罚标准和程序必须符合劳动法的相关规定，以确保员工的合法权益不受侵害，并避免因不当处罚引发劳动争议。

扫码观看教学视频

借助 WPS AI 的"AI 法律助手"功能，HR 能够获取关于员工工作失误后合法合规进行损失扣罚的标准和建议。案例指令及回复内容如下。

指令

某科技公司一名员工因操作失误导致公司服务器故障，造成客户数据丢失，按公司规定，员工应根据损失金额的 10% 进行扣罚。查询工作失误后合理、合法的扣罚标准和执行程序的法律建议，分析并调整公司扣罚制度的合规性

WPS

针对某科技公司员工因操作失误导致公司服务器故障及客户数据丢失的情况，公司计划按损失金额的 10% 对员工进行扣罚。根据现有法律资料，建议公司在制定和执行扣罚制度时，需确保该制度符合《中华人民共和国劳动合同法》及相关法律法规的规定，避免侵犯员工的合法权益。同时，扣罚程序应公开、公正、公平，确保员工有申诉的权利。

问题分析

一、扣罚标准的合法性

1. 公司规定按损失金额的 10% 进行扣罚，这一标准需与员工的薪酬、岗位职

责、过错程度等因素相匹配，确保不超出合理范围。

2. 扣罚金额不得低于当地最低工资标准，且每月扣罚金额不得超过员工月工资的 20%，否则可能构成违法克扣工资。

二、扣罚制度的合规性

1. 公司扣罚制度应经过民主程序制定，并向员工公示，确保员工知晓并同意该制度。

2. 扣罚制度应明确扣罚的情形、标准、程序及申诉途径，以保障员工的合法权益。

三、扣罚程序的公正性

1. 在执行扣罚前，公司应对员工操作失误的事实进行调查，确保事实清楚、证据确凿。

2. 员工应有权对扣罚决定提出异议，并享有申诉的权利。……

10.2.14 问 AI 如何避免合同上的"萝卜签名"

在劳动合同的签订过程中，"萝卜签名"是指员工在未充分了解合同内容的情况下，草率签署合同，导致后续发生争议时，员工可以主张合同无效或遭受不公平待遇。这种情况不仅对员工不利，也可能给企业带来法律风险。为了避免"萝卜签名"现象，企业必须采取有效措施确保员工在签署合同时充分理解合同内容，同时确保签署程序合规、透明。

扫码观看教学视频

借助 WPS AI 的"AI 法律助手"功能，HR 能够有效识别"萝卜签名"现象，确保合同签署过程的合法性和员工的知情权，减少因合同争议引发的法律风险。案例指令及回复内容如下。

指令

某 IT 公司在进行新员工入职时，发现过去常常出现员工因未认真阅读劳动合同条款事后主张合同无效的情况。查询劳动合同签署的合规性，获取如何避免"萝卜签名"的建议，包括合同条款的合理性和电子签名的合规性

WPS

为避免 IT 公司新员工入职时因未认真阅读劳动合同条款而导致的合同无效情况，以及"萝卜签名"问题，公司应当确保劳动合同条款的合理性、明确性，

并遵循电子签名的合规性要求。具体措施包括：制定详细且明确的劳动合同条款，确保员工充分理解并同意合同条款；采用电子签名时，需遵循相关法律法规，确保签名的有效性。

问题分析

一、劳动合同条款的合理性

1. 劳动合同应当包含《中华人民共和国劳动合同法》规定的必备条款，如工作内容、工作地点、工作时间、休息休假、劳动报酬、社会保险等。

2. 条款应当清晰明确，避免模糊不清的表述，以减少员工对合同条款的误解。

3. 公司应在新员工入职前，对劳动合同条款进行详细说明，确保员工充分理解并同意合同条款。

二、"萝卜签名"问题

1. "萝卜签名"通常指员工在未认真阅读或理解合同条款的情况下签署劳动合同。这可能导致员工事后主张合同无效。

……

本章小结

本章主要通过 WPS AI 向大家介绍了 AI 防范企业用工风险的相关应用。首先，向大家介绍了通过 AI 了解法律风险管理与合规的相关案例，包括虚假招聘的法律风险、劳动合同条款缺失的法律风险、带薪休假的相关法律风险以及规章制度的合法性与合规性等；然后，介绍了通过 AI 进行用工风险预防与应对的相关案例，包括用 AI 生成面试测谎技巧、如何合法辞退严重违纪的员工、员工不配合缴纳社保的应对方法以及获取工作失误的损失扣罚标准等。

课后实训

鉴于本章知识的重要性，为了帮助大家更好地掌握本章内容，本节将通过一个实训案例进行知识回顾和补充。

实训任务：使用 WPS AI 的"AI 法律助手"功能，问 AI 公司能不能以"员工迟到多次，严重违反公司规章制度"为由解除劳动合同。相关指令及回复内容如下。

扫码观看教学视频

指令

某公司一员工一个月内迟到了 5 次，按公司规章制度，一个月内迟到 3 次及以上算严重违纪，公司要以"员工迟到多次，严重违反公司规章制度"为由解除劳动合同。在此案例中，公司行为是否合规？有无法律风险？

WPS

公司在此案例中以"员工迟到多次，严重违反公司规章制度"为由解除劳动合同的行为需具体分析其合规性及法律风险。若公司规章制度合法制定并向员工公示，且员工确实违反了该规章制度，则公司行为可能合规。但若规章制度制定或执行过程中存在瑕疵，公司则可能面临法律风险。

问题分析

一、规章制度制定与公示

1. 根据相关规定，用人单位通过民主程序制定的规章制度，不违反国家法律、行政法规及政策规定，并已向劳动者公示的，可以作为人民法院审理劳动争议案件的依据。

2. 若公司规章制度未经民主程序制定或未向员工公示，则该规章制度不能作为解除劳动合同的依据。

......